頭が良くなる

インド式計算ドリル

遠藤昭則
Akinori Endo

KKベストセラーズ

はじめに

　インド人は2ケタのかけ算をスラスラ答えられるといいます。実際に19×19までは暗記している人もいるようです。しかし、もちろん11×11から99×99までの答えを一字一句覚えたわけではありません。どういうことかというと、インド人は次のような計算能力を身につけているのです。

① **計算が速い**
② **計算が正確**
③ **ケタ数の多い計算ができる**

　そんな能力を私たちも身につけようではありませんか。でも、計算はめんどうじゃないかって？　それは次のようなことがあるからではないでしょうか。

① **くり上がり、くり下がりがある**
② **くり上がり、くり下がりを覚えておかなくてはいけない**
③ **数字は位の大きいほうから書くのに、計算は1の位からやらなければならない**
④ **遅くって、まどろっこしくて、楽しくない**

　こんなことが原因で、数字を見ただけで計算なんてイヤ！　と思う人もいるかもしれません。

だったら、これらの原因をすべてなくして計算にチャレンジしてみませんか？
　本書では、これらの問題を解決するために

❶ くり上がり、くり下がりを最小限におさえる
❷ くり上がり、くり下がりがあるときは表記する
❸ 位の大きいほうから計算する
❹ 速くって、かんたんで、楽しい！！！！

という計算方法をたくさん紹介しています。
　しかも、特別な場合にしか使えない公式や方法では意味がありませんので、どんなケースにも対応できる方法で解いていきます。

　ドリルを進めていくにしたがって、「あっ、計算方法ってひとつじゃなかったんだ…」と改めて気づくことでしょう。そして、本書で紹介している解き方よりも、もっと便利な方法を自分なりに見つけることができたら、筆者にとってこれ以上の幸せはありません。

　それでは、悠久(ゆうきゅう)のガンジスを思い浮かべながら、計算ドリルを進めていくことにしましょう。

遠藤昭則(えんどう あきのり)

もくじ

頭が良くなるインド式計算ドリル

- はじめに…**2**
- 計算ドリルの使い方…**8**
- 計算のルール…**11**

◉ 第1章　たし算 …………………… **13**

1 たし算ウォーミングアップ！
基本のたし算 ………………………… **14**

2 1円、5円、10円、50円玉をイメージ！
1ケタと2ケタのたし算 ……………… **18**

3 10の位、1の位の順に計算しよう！
2ケタのたし算 ………………………… **22**

4 2ケタのたし算を応用！
3ケタのたし算 ………………………… **26**

5 インド式マス目計算術 その1
マス目を使った2ケタのたし算 ……… **30**

6 インド式マス目計算術 その2
マス目を使った3ケタのたし算 ……… **34**

7 インド式マス目計算術 その3
マス目を使った4ケタのたし算 ……… **38**

8 インド式マス目計算術 その4
ケタ数の違うたし算 …………………… **42**

◆ **たし算のまとめ** ………………… **46**

第2章　ひき算　……… **47**

1 ひき算ウォーミングアップ！
　基本のひき算 ……… **48**

2 10の位、1の位の順に計算しよう！　その1
　2ケタ−1ケタのひき算 ……… **52**

3 10の位、1の位の順に計算しよう！　その2
　2ケタ−2ケタのひき算 ……… **56**

4 インド式ひき算レベルアップ！
　3ケタ−2ケタのひき算 ……… **60**

5 これができればひき算マスター！
　3ケタ−3ケタのひき算 ……… **64**

◆ **ひき算のまとめ** ……… **68**

第3章　かけ算　……… **69**

1 かけ算ウォーミングアップ！
　基本のかけ算 ……… **70**

2 面積におきかえて計算しよう！
　2ケタ×2ケタのかけ算 ……… **74**

3 マス目を使って求めよう！　その1
　マス目を使った2ケタ×2ケタのかけ算 ……… **78**

4 マス目を使って求めよう！　その2
　マス目を使った3ケタ×2ケタのかけ算 ……… **82**

5 マス目を使って求めよう！　その3
　マス目を使った3ケタ×3ケタのかけ算 ……… **86**

6 たすきがけでかけ算を極める！　その1
　たすきがけを使った2ケタ×2ケタのかけ算 ……… **90**

7 たすきがけでかけ算を極める！　その2
　たすきがけを使った3ケタ×2ケタのかけ算 ……… **94**

	特別な場合の2ケタかけ算　その1	
8	**かけられる数またはかける数が11の場合**	**98**
9	特別な場合の2ケタかけ算　その2 **かけられる数とかける数が同じ場合**	**102**
10	特別な場合の2ケタかけ算　その3 **かけられる数とかける数のまん中がキリのいい数の場合**	**106**
11	特別な場合の2ケタかけ算　その4 **10の位の数が同じ場合**	**110**
12	特別な場合の2ケタかけ算　その5 **10の位の数が同じ数で1の位をたすと10になる場合**	**114**
13	いろんな方法で解いてみよう! **面積・マス目・交点を利用したかけ算**	**118**

◆ **かけ算のまとめ** ……………………………… **120**

コラム　2ケタ×2ケタのかけ算　かくれた法則 …… **122**

◎ 第4章　わり算 …………………………… 123

1	わり算ウォーミングアップ! **基本のかけ算とひき算**	**124**
2	特別な筆算を使って計算しよう!　その1 **2ケタ÷1ケタのわり算**	**128**
3	特別な筆算を使って計算しよう!　その2 **2ケタ÷2ケタのわり算**	**132**
4	通常のわり算でもスピードアップ! **3ケタ÷1ケタのわり算**	**136**
5	特別な筆算を使って計算しよう!　その3 **3ケタ÷2ケタのわり算**	**140**

◆ **わり算のまとめ** ……………………………… **144**

第5章　連立方程式 ……… 145

1 まずはおさらい！
基本の連立方程式の解き方 ……… 146

2 解答スピード3倍アップ！
連立方程式の解をたすきがけで求める ……… 150

◆ 連立方程式のまとめ ……… 154

第6章　計算テスト ……… 155

計算テスト❶	たし算 ……… 156
	解答＆解説 ……… 158
計算テスト❷	ひき算 ……… 160
	解答＆解説 ……… 162
計算テスト❸	かけ算 ……… 164
	解答＆解説 ……… 166
計算テスト❹	わり算 ……… 168
	解答と解説 ……… 170
計算テスト❺	連立方程式 ……… 172
	解答＆解説 ……… 174
計算テスト❻	総合問題1 ……… 176
	解答＆解説 ……… 178
計算テスト❼	総合問題2 ……… 180
	解答＆解説 ……… 182
計算テスト❽	総合問題3 ……… 184
	解答＆解説 ……… 186
計算テスト❾	総合問題4 ……… 188
	解答＆解説 ……… 190

企画・編集・制作協力／株式会社レクスプレス
本文イラスト／福島康子

計算ドリルの使い方

この本では、計算が速く、正確に、スラスラ解ける方法を学びます。第1章 たし算▶第2章 ひき算▶第3章 かけ算▶第4章 わり算▶第5章 連立方程式の順に学んだら、最後に実力だめしの計算テストを行いましょう。

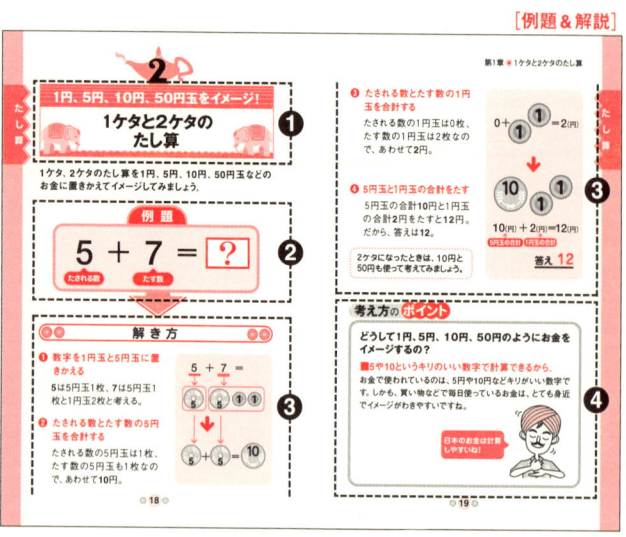

❶ テーマ
たし算、ひき算、かけ算、わり算、連立方程式の計算項目のなかでの、さらに具体的な学習内容です。

❷ 例題
ひとつのテーマごとに例題が1問あり、これを解いていきます。

❸ 解き方

例題の解き方がくわしく書かれています。順を追って読み進めます。右側の　　の部分は実際の計算手順をあらわしています。

❹ 考え方のポイント

なぜ「解き方」で説明した計算方法になるのかという考え方のポイントが書かれています。

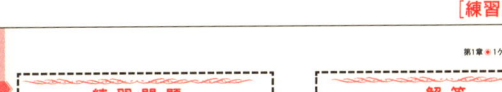

[練習問題＆解答]

第1章 ● 1ケタと2ケタのたし算

たし算

練習問題

次の式を1円、5円、10円にわけて計算しましょう。

① 5＋8＝　② 9＋17＝

③ 18＋6＝　④ 14＋17＝

⑤ 13＋7＝　⑥ 16＋16＝

今日の日づけ　／　正解数　／6問

20

解答

解答方法を確認しながら答えあわせをしましょう。

※問題を解くときは、11ページを切り取ってこのページをかくしましょう。

① 5＋8
＝ 10 ＋ 3
5円玉の合計　1円玉の合計
＝ 13

② 9＋17
＝ 10 ＋ 10 ＋ 6
10円玉の合計　5円玉の合計　1円玉の合計
＝ 26

③ 18＋6
＝ 10 ＋ 10 ＋ 4
10円玉の合計　5円玉の合計　1円玉の合計
＝ 24

④ 14＋17
＝ 20 ＋ 5 ＋ 6
10円玉の合計　5円玉の合計　1円玉の合計
＝ 31

⑤ 13＋7
＝ 10 ＋ 5 ＋ 5
10円玉の合計　5円玉の合計　1円玉の合計
＝ 20

⑥ 16＋16
＝ 20 ＋ 10 ＋ 2
10円玉の合計　5円玉の合計　1円玉の合計
＝ 32

21

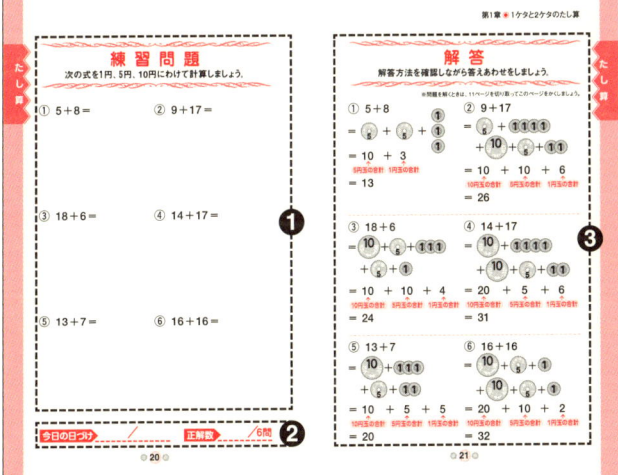

❶ 練習問題

テーマ内容の計算問題が出題されていますので、解き方が理解できたらチャレンジしましょう。

❷ 今日の日づけと正解数

問題を解いた日の日づけと正解した問題の数を記入しましょう。

❸ 解答

練習問題の答えが書かれています。途中の計算式も書かれていますので、ていねいに見直すことができます。

[計算テスト]

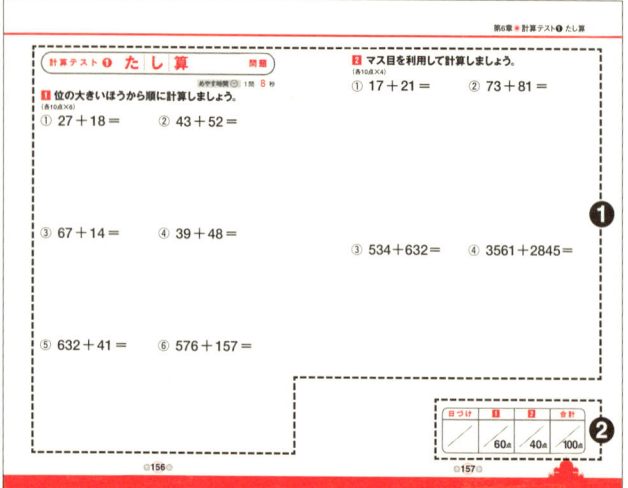

❶ 計算テスト
学習したことが身についているかを確認するテストです。次のページに解答と解説があります。

❷ 日づけ＆点数
問題を解いた日の日づけと得点を記入します。100点を目指してがんばりましょう。

ドリルを使うときの注意

＊一部小学校高学年・中学校にならないと教わらない内容や、この本でだけ使われている言葉があります。

＊この本で紹介した計算方法は、学校のテストで使用するとバツをつけられることがあります。解き方も答えなくてはいけない問題のときは注意してください。

＊この本ではいろいろな計算方法を紹介していますが、他にも有効な解き方はありますので、あくまでも1つの考え方としてください。

● 計算のルール ●

● 計算の順序

① たし算とひき算だけの式、かけ算とわり算だけの式は左から順番に計算する。
② かけ算やわり算があるときは、たし算やひき算よりも先に計算する。
③ ( )がある計算は、( )を先に計算する。

● 計算のきまり

① たし算やかけ算だけの式では、順番を変えても答えは同じ。

● ＋ ▲ ＋ ■ ＝ ■ ＋ ▲ ＋ ●
(● ＋ ▲) ＋ ■ ＝ ● ＋ (▲ ＋ ■)
● × ▲ × ■ ＝ ■ × ▲ × ●
(● × ▲) × ■ ＝ ● × (▲ × ■)

② 左と右の式は等しい。

(● ＋ ▲) × ■ ＝ ● × ■ ＋ ▲ × ■
(● － ▲) × ■ ＝ ● × ■ － ▲ × ■

【切り取り線】練習問題を解くときに切り取って、解答ページをかくしましょう。

【切り取り線】 練習問題を解くときに切り取って、解答ページをかくしましょう。

第1章

たし算

たし算はすべての計算における基本です。あらゆる計算問題の解答スピードを上げるためにも、たし算の練習をしっかりと行いましょう。

たし算のスパイス

たし算の決め手は計算の順番！

たし算ウォーミングアップ！
基本のたし算

計算の基本「たし算九九」です。計算を速く、正しく行うためには、1ケタのたし算を訓練することがとても大切です。

考え方のポイント

たし算九九とは？

■ **1から9までのたし算を「たし算九九」といいます。**
1の段から9の段までくり返し練習して、スラスラと答えられるようになりましょう。

練習問題
すぐに答えがでるまで、くり返し練習しましょう。

1 1の段のたし算をしましょう。

① 1＋1＝　　② 1＋2＝　　③ 1＋3＝

④ 1＋4＝　　⑤ 1＋5＝　　⑥ 1＋6＝

⑦ 1＋7＝　　⑧ 1＋8＝　　⑨ 1＋9＝

2 2の段のたし算をしましょう。

① 2+1=　　② 2+2=　　③ 2+3=

④ 2+4=　　⑤ 2+5=　　⑥ 2+6=

⑦ 2+7=　　⑧ 2+8=　　⑨ 2+9=

3 3の段のたし算をしましょう。

① 3+1=　　② 3+2=　　③ 3+3=

④ 3+4=　　⑤ 3+5=　　⑥ 3+6=

⑦ 3+7=　　⑧ 3+8=　　⑨ 3+9=

4 4の段のたし算をしましょう。

① 4+1=　　② 4+2=　　③ 4+3=

④ 4+4=　　⑤ 4+5=　　⑥ 4+6=

⑦ 4+7=　　⑧ 4+8=　　⑨ 4+9=

5 5の段のたし算をしましょう。

① 5+1=　　② 5+2=　　③ 5+3=

④ 5+4=　　⑤ 5+5=　　⑥ 5+6=

⑦ 5+7=　　⑧ 5+8=　　⑨ 5+9=

たし算

6 6の段のたし算をしましょう。

① 6＋1＝　　② 6＋2＝　　③ 6＋3＝

④ 6＋4＝　　⑤ 6＋5＝　　⑥ 6＋6＝

⑦ 6＋7＝　　⑧ 6＋8＝　　⑨ 6＋9＝

7 7の段のたし算をしましょう。

① 7＋1＝　　② 7＋2＝　　③ 7＋3＝

④ 7＋4＝　　⑤ 7＋5＝　　⑥ 7＋6＝

⑦ 7＋7＝　　⑧ 7＋8＝　　⑨ 7＋9＝

8 8の段のたし算をしましょう。

① 8＋1＝　　② 8＋2＝　　③ 8＋3＝

④ 8＋4＝　　⑤ 8＋5＝　　⑥ 8＋6＝

⑦ 8＋7＝　　⑧ 8＋8＝　　⑨ 8＋9＝

9 9の段のたし算をしましょう。

① 9＋1＝　　② 9＋2＝　　③ 9＋3＝

④ 9＋4＝　　⑤ 9＋5＝　　⑥ 9＋6＝

⑦ 9＋7＝　　⑧ 9＋8＝　　⑨ 9＋9＝

今日の日づけ　　／　　　　正解数　　／81問

第1章 ● 基本のたし算

解答
すべてできるようにしましょう。

※問題を解くときは、11ページを切り取ってこのページをかくしましょう。

1 ① 2　　② 3　　③ 4
　　④ 5　　⑤ 6　　⑥ 7
　　⑦ 8　　⑧ 9　　⑨ 10

2 ① 3　　② 4　　③ 5
　　④ 6　　⑤ 7　　⑥ 8
　　⑦ 9　　⑧ 10　 ⑨ 11

3 ① 4　　② 5　　③ 6
　　④ 7　　⑤ 8　　⑥ 9
　　⑦ 10　 ⑧ 11　 ⑨ 12

4 ① 5　　② 6　　③ 7
　　④ 8　　⑤ 9　　⑥ 10
　　⑦ 11　 ⑧ 12　 ⑨ 13

5 ① 6　　② 7　　③ 8
　　④ 9　　⑤ 10　 ⑥ 11
　　⑦ 12　 ⑧ 13　 ⑨ 14

6 ① 7　　② 8　　③ 9
　　④ 10　 ⑤ 11　 ⑥ 12
　　⑦ 13　 ⑧ 14　 ⑨ 15

7 ① 8　　② 9　　③ 10
　　④ 11　 ⑤ 12　 ⑥ 13
　　⑦ 14　 ⑧ 15　 ⑨ 16

8 ① 9　　② 10　 ③ 11
　　④ 12　 ⑤ 13　 ⑥ 14
　　⑦ 15　 ⑧ 16　 ⑨ 17

9 ① 10　 ② 11　 ③ 12
　　④ 13　 ⑤ 14　 ⑥ 15
　　⑦ 16　 ⑧ 17　 ⑨ 18

たし算	**1円、5円、10円、50円玉をイメージ!**
	# 1ケタと2ケタの たし算

1ケタ、2ケタのたし算を1円、5円、10円、50円玉などのお金におきかえてイメージしてみましょう。

例題

$$5 + 7 = \boxed{?}$$

(たされる数) (たす数)

解き方

❶ 数字を1円玉と5円玉におきかえる

5は5円玉1枚、7は5円玉1枚と1円玉2枚と考える。

❷ たされる数とたす数の5円玉を合計する

たされる数の5円玉は1枚、たす数の5円玉も1枚なので、あわせて10円。

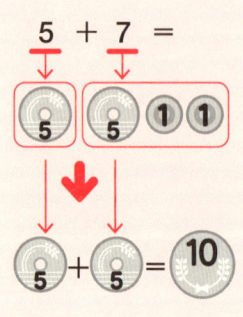

第1章 ● 1ケタと2ケタのたし算

❸ **たされる数とたす数の1円玉を合計する**

たされる数の1円玉は0枚、たす数の1円玉は2枚なので、あわせて**2円**。

❹ **5円玉と1円玉の合計をたす**

5円玉の合計10円と1円玉の合計2円をたすと12円。だから、答えは**12**。

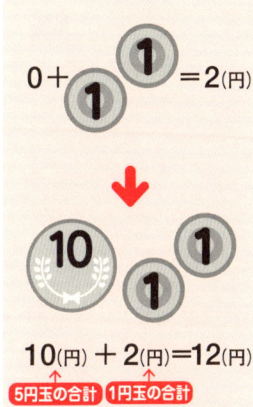

$0 + 1 + 1 = 2$(円)

↓

10(円) $+ 2$(円) $= 12$(円)
↑5円玉の合計 ↑1円玉の合計

答え 12

> 2ケタになったときは、10円と50円も使って考えてみましょう。

考え方のポイント

どうして1円、5円、10円、50円のようにお金をイメージするの？

■ **5や10というキリのいい数字で計算できるから。**

お金で使われているのは、5円や10円などキリがいい数字です。しかも、買い物などで毎日使っているお金は、とても身近でイメージがわきやすいですね。

> 日本のお金は計算しやすいね！

たし算

練習問題
次の式を1円、5円、10円にわけて計算しましょう。

① 5＋8＝

② 9＋17＝

③ 18＋6＝

④ 14＋17＝

⑤ 13＋7＝

⑥ 16＋16＝

今日の日づけ　　／　　　　正解数　　　／6問

第1章 ● 1ケタと2ケタのたし算

解 答
解答方法を確認しながら答えあわせをしましょう。

※問題を解くときは、11ページを切り取ってこのページをかくしましょう。

① 5＋8
= (5) + (5) + 1 + 1 + 1
= 10 ＋ 3
　↑5円玉の合計　↑1円玉の合計
= 13

② 9＋17
= (5) + 1 + 1 + 1 + 1
　+ (10) + (5) + 1 + 1
= 10 ＋ 10 ＋ 6
　↑10円玉の合計　↑5円玉の合計　↑1円玉の合計
= 26

③ 18＋6
= (10) + (5) + 1 + 1 + 1
　+ (5) + 1
= 10 ＋ 10 ＋ 4
　↑10円玉の合計　↑5円玉の合計　↑1円玉の合計
= 24

④ 14＋17
= (10) + 1 + 1 + 1 + 1
　+ (10) + (5) + 1 + 1
= 20 ＋ 5 ＋ 6
　↑10円玉の合計　↑5円玉の合計　↑1円玉の合計
= 31

⑤ 13＋7
= (10) + 1 + 1 + 1
　+ (5) + 1 + 1
= 10 ＋ 5 ＋ 5
　↑10円玉の合計　↑5円玉の合計　↑1円玉の合計
= 20

⑥ 16＋16
= (10) + (5) + 1
　+ (10) + (5) + 1
= 20 ＋ 10 ＋ 2
　↑10円玉の合計　↑5円玉の合計　↑1円玉の合計
= 32

たし算

10の位、1の位の順に計算しよう!

2ケタのたし算

2ケタのたし算は10の位と1の位にわけて10の位から計算すると、くり上がりを考えずに計算することができます。

例題

$$25 + 39 = \boxed{?}$$

たされる数 　　 たす数

解き方

❶ 10の位の数字どうしをたす

25の10の位の**20**と39の10の位の**30**をたす。

$$25 + 39 = \boxed{?}$$
$$\downarrow \quad \downarrow$$
$$20 + 30 = 50$$

❷ 1の位の数字どうしをたす

25の1の位の**5**と39の1の位の**9**をたす。

$$25 + 39 = \boxed{?}$$
$$\downarrow \quad \downarrow$$
$$5 + 9 = 14$$

第1章 ● 2ケタのたし算

❸ 2つの合計をたす

10の位の合計**50**と1の位の合計**14**をたして、答えは**64**。

$$50 + 14 = 64$$
↑10の位の合計　↑1の位の合計

答え 64

たし算

考え方のポイント

どうして10の位から計算するの？

1 くり上がりを考えなくていいから。

例題のたし算を通常どおりの筆算で計算してみましょう。

```
    2 5
  + + +
  + 3 9
   ─────
   ①
    6 4
```

くり上がりの
1
+
5

まずは、1の位から計算しますね。5＋9を計算すると、14なので、くり上がりの1を覚えておくか、小さく書いておき、1の位には4と書きます。次に、10の位の2＋3を計算した5に先ほどのくり上がりの1をたして6と書きます。つまり、くり上がりを考えなければいけません。

2 数字は左から右に向かって書くから。

例えば、27＋12＝ ?
という計算では、すぐに39と答えがでませんでしたか？
10の位、1の位の順番で計算したのではないでしょうか。そもそも数字は左から右に書きます。ですから、左から右、つまり10の位、1の位の順に計算したほうがだんぜん速く答えがでるのです。

インド人の計算スピードが速いわけは、左から右に計算するからなんです！

練習問題

10の位を先にたす方法で計算しましょう。

たし算

① 18＋11＝

② 21＋37＝

③ 57＋12＝

④ 43＋18＝

⑤ 68＋23＝

⑥ 27＋47＝

今日の日づけ　　／

正解数　　／6問

第1章 ● 2ケタのたし算

解 答
解答方法を確認しながら答えあわせをしましょう。

※問題を解くときは、11ページを切り取ってこのページをかくしましょう。

① 18 + 11 = 29

$$10 + 10 = 20$$
　　　↑10の位の合計
$$8 + 1 = 9$$
　　　↑1の位の合計
$$20 + 9 = 29$$

② 21 + 37 = 58

$$20 + 30 = 50$$
　　　↑10の位の合計
$$1 + 7 = 8$$
　　　↑1の位の合計
$$50 + 8 = 58$$

③ 57 + 12 = 69

$$50 + 10 = 60$$
　　　↑10の位の合計
$$7 + 2 = 9$$
　　　↑1の位の合計
$$60 + 9 = 69$$

④ 43 + 18 = 61

$$40 + 10 = 50$$
　　　↑10の位の合計
$$3 + 8 = 11$$
　　　↑1の位の合計
$$50 + 11 = 61$$

⑤ 68 + 23 = 91

$$60 + 20 = 80$$
　　　↑10の位の合計
$$8 + 3 = 11$$
　　　↑1の位の合計
$$80 + 11 = 91$$

⑥ 27 + 47 = 74

$$20 + 40 = 60$$
　　　↑10の位の合計
$$7 + 7 = 14$$
　　　↑1の位の合計
$$60 + 14 = 74$$

たし算

2ケタのたし算を応用!

3ケタのたし算

3ケタのたし算は2ケタのたし算の応用です。100の位、10の位、1の位の順に計算して、最後にその3つの数をたします。

例題

$$368 + 172 = \boxed{?}$$

368 … たされる数
172 … たす数

解き方

❶ 100の位の数字どうしをたす

368の100の位の**300**と172の100の位の**100**をたす。

$$368 + 172 = \boxed{?}$$
$$300 + 100 = \underline{400}$$

❷ 10の位の数字どうしをたす

368の10の位の**60**と172の10の位の**70**をたす。

$$368 + 172 = \boxed{?}$$
$$60 + 70 = \underline{130}$$

第1章 ● 3ケタのたし算

❸ **1の位の数字どうしをたす**

368の1の位の8と172の1の位の2をたす。

❹ **3つの合計をたす**

100の位の合計400と10の位の合計130と1の位の合計10をたして、答えは540。

$$368+172=\boxed{?}$$

$$8+2=\underline{10}$$

$$400+130+10=540$$

100の位の合計 ／ 10の位の合計 ／ 1の位の合計

答え 540

考え方のポイント

例題をたて書きにしてみましょう

```
    3 6 8
  + 1 7 2
  ─────────
    4
      1 3
        1 0
  ─────────
    5 4 0
```

解き方と同じように、左から右にたしていきます。

① 100の位…… 3+1=4
② 10の位…… 6+7=13
③ 1の位…… 8+2=10
④ 100の位から順にたてにたす

6+7=13のようにのたし算の答えが2ケタになるときは、ひとつ上の位に数字が入るよ！

練習問題

位の大きいほうから順に計算しましょう。

① 173 + 112

② 235 + 122

③ 463 + 532

④ 789 + 124

⑤ 328 + 567

⑥ 415 + 996

第1章 ● 3ケタのたし算

解 答
解答方法を確認しながら答えあわせをしましょう。

※問題を解くときは、11ページを切り取ってこのページをかくしましょう。

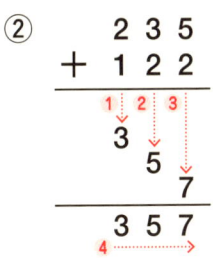

①
```
   1 7 3
+  1 1 2
---------
   2
     8
       5
---------
   2 8 5
```

②
```
   2 3 5
+  1 2 2
---------
   3
     5
       7
---------
   3 5 7
```

③
```
   4 6 3
+  5 3 2
---------
   9
     9
       5
---------
   9 9 5
```

④
```
   7 8 9
+  1 2 4
---------
   8
   1 0
       1 3
---------
   9 1 3
```

⑤
```
   3 2 8
+  5 6 7
---------
   8
     8
       1 5
---------
   8 9 5
```

⑥
```
   4 1 5
+  9 9 6
---------
 1 3
   1 0
       1 1
---------
 1 4 1 1
```

29

インド式マス目計算術 その1

マス目を使った2ケタのたし算

たし算

2ケタのたし算を行うにはマス目を利用するのが便利。
各位の合計を書き入れるだけで、すぐに正解がわかります。

例題

$$17 + 58 = \boxed{?}$$

解き方

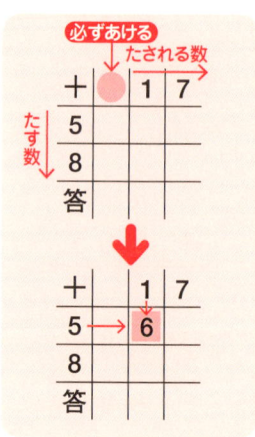

❶ マス目を準備する

たて・横それぞれ3本の線をひき、たされる数とたす数を右のようにマス目に入れる。

❷ 10の位を合計を書き入れる

17の10の位の1と58の10の位の5をたした6を交わるマス目に書く。

第1章 ● マス目を使った2ケタのたし算

❸ 1の位の合計を書き入れる

17の1の位の**7**と58の1の位の**8**をたした**15**を交わるマス目に書く。

> 答えが2ケタになるときは1の位がマス目の交わるところにくるように書きます。

	+	1	7
5		6	
8	→	1	5
答			

↓

	+	1	7
5		6	
8		1	5
答		7	5

答え 75

❹ 2段目と3段目の数字をたす

2段目と3段目の数字を位の大きいほうからたてにたした**75**が答えになる。

たし算

考え方の ポイント

どうして、わざわざマス目を使うの？

■ **マス目をかくと位取りを間違える心配がないから。**

例題を位の大きいほうから筆算で解いてみましょう。

筆算で解いても、マス目で解いても　の部分は同じ計算になりますね。そうなんです！マス目の計算は筆算をたて・横のマス目にしただけで、考え方は同じです。ただし、マス目があると位取りがわかりやすいですね。

```
    1 7
  +⁺ ⁺
  + 5 8
  ①↓ ②↓
    6
    1 5
    7 5
    ③→
```

> マス目を使ったたし算はあまり見慣れないけれど、実はとっても便利なんだ。

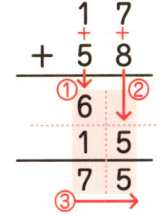

練習問題

マス目を利用して次の計算をしましょう。

① 18＋11＝

＋		1	8
1			
1			
答			

② 26＋38＝

＋		2	6
3			
8			
答			

③ 31＋19＝

＋		3	1
1			
9			
答			

④ 69＋75＝

＋		6	9
7			
5			
答			

⑤ 43＋87＝

＋		4	3
8			
7			
答			

⑥ 24＋98＝

＋		2	4
9			
8			
答			

たし算

今日の日づけ　　／

正解数　　／6問

第1章 ● マス目を使った2ケタのたし算

解答
解答方法を確認しながら答えあわせをしましょう。

※問題を解くときは、11ページを切り取ってこのページをかくしましょう。

① 18＋11＝29

＋		1	8
1	→	2	
1		9	
答		2	9

② 26＋38＝64

＋		2	6
3	→	5	
8		1	4
答		6	4

③ 31＋19＝50

＋		3	1
1	→	4	
9	→	1	0
答		5	0

④ 69＋75＝144

＋		6	9
7	→1	3	
5	→	1	4
答	1	4	4

⑤ 43＋87＝130

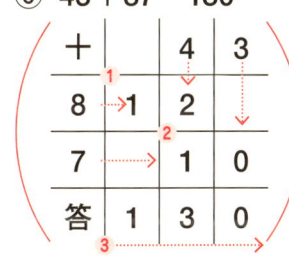

＋		4	3
8	→1	2	
7	→	1	0
答	1	3	0

⑥ 24＋98＝122

＋		2	4
9	→1	1	
8	→	1	2
答	1	2	2

6 インド式マス目計算術 その2

マス目を使った3ケタのたし算

3ケタのたし算になってもマス目計算はとても役に立ちます。

例題

$$378 + 756 = \boxed{?}$$

たされる数　たす数

解き方

❶ マス目を準備する

たて・横それぞれ4本の線をひき、たされる数とたす数を右のようにマス目に入れる。

❷ 100の位を合計を書き入れる

378の100の位の3と756の100の位の7をたした10を交わるマス目に書く。

第1章 ● マス目を使った3ケタのたし算

❸ 10の位を合計を書き入れる

378の10の位の**7**と756の10の位の**5**をたした**12**を交わるマス目に書く。

> 答えが2ケタになるときは1の位がマス目の交わるところにくるように書きます。

❹ 1の位の合計を書き入れる

378の1の位の**8**と756の1の位の**6**をたした**14**を交わるマス目に書く。

❺ 2～4段目の数字をたす

2～4段目の数字を位の大きいほうからたてにたした**1134**が答えになる。

	+		3	7	8
	7	1	0		
	5	→	1	2	
	6				
	答				

	+		3	7	8
	7	1	0		
	5		1	2	
	6	→		1	4
	答				

	+		3	7	8
	7	1	0		
	5		1	2	
	6			1	4
	答	1	1	3	4

答え **1134**

考え方のポイント

マス目計算と筆算どっちを使えばいい?

■ **スピード重視は筆算を、正確さ重視はマス目計算を使おう。**

マス目をかくよりも、筆算のほうが計算は速いかもしれません。しかし、マス目を利用すると位取りを間違えることがなくなります。

> マス目をかくときの線はケタ数+1本だよ!

練習問題

マス目を利用して次の計算をしましょう。

① 235＋121＝

＋		2	3	5
1				
2				
1				
答				

② 135＋732＝

＋		1	3	5
7				
3				
2				
答				

③ 571＋382＝

＋		5	7	1
3				
8				
2				
答				

④ 423＋768＝

＋		4	2	3
7				
6				
8				
答				

⑤ 331＋449＝

＋		3	3	1
4				
4				
9				
答				

⑥ 919＋295＝

＋		9	1	9
2				
9				
5				
答				

たし算

今日の日づけ　　／

正解数　　／6問

第1章 ● マス目を使った3ケタのたし算

解答

解答方法を確認しながら答えあわせをしましょう。

※問題を解くときは、11ページを切り取ってこのページをかくしましょう。

たし算

① 235＋121＝356

＋		2	3	5
1	→	3		
2	→		5	
1	→			6
答		3	5	6

② 135＋732＝867

＋		1	3	5
7	→	8		
3	→		6	
2	→			7
答		8	6	7

③ 571＋382＝953

＋		5	7	1
3	→	8		
8	→	1	5	
2	→			3
答		9	5	3

④ 423＋768＝1191

＋		4	2	3
7	→1	1		
6	→		8	
8	→		1	1
答	1	1	9	1

⑤ 331＋449＝780

＋		3	3	1
4	→	7		
4	→		7	
9	→		1	0
答		7	8	0

⑥ 919＋295＝1214

＋		9	1	9
2	→1	1		
9	→		1	0
5	→		1	4
答	1	2	1	4

7

インド式マス目計算術 その3

マス目を使った4ケタのたし算

たし算

4ケタのたし算もマス目を使えばかんたんに計算できます。

例題

$$1387 + 5679 = \boxed{?}$$

たされる数　たす数

解き方

❶ マス目を準備する

たて・横それぞれ5本の線をひき、たされる数とたす数を右のようにマス目に入れる。

❷ 1000の位の合計を書き入れる

1387の1000の位の1と5679の1000の位の5をたした6を交わるマス目に書く。

必ずあける

+		1	3	8	7
5					
6					
7					
9					
答					

たされる数→
たす数↓

↓

+		1	3	8	7
5	→	6			
6					
7					
9					
答					

38

第1章 ● マス目を使った4ケタのたし算

❸ 100の位の合計を書き入れる

1387の100の位の**3**と**5679**の100の位の**6**をたした**9**を交わるマス目に書く。

❹ 10の位の合計を書き入れる

1387の10の位の**8**と**5679**の10の位の**7**をたした**15**を交わるマス目に書く。

> 答えが2ケタになるときは1の位がマス目の交わるところにくるように書きます。

❺ 1の位の合計を書き入れる

1387の1の位の**7**と**5679**の1の位の**9**をたした**16**を交わるマス目に書く。

❻ 2〜5段目の数字をたす

2〜5段目の数字を位の大きいほうからたてにたした**7066**が答えになる。

+	1	3	8	7
5	6			
6		9		
7		1	5	
9			1	6
	6			
	1	0	6	6
答	7	0	6	6

答え **7066**

> ケタ数が大きくなると、最後のたし算でくり上がりがでることがあるので注意しよう!

たし算

練習問題

マス目を利用して次の計算をしましょう。

たし算

① 1234+3671＝

+		1	2	3	4
3					
6					
7					
1					
答					

② 3561+7071＝

+		3	5	6	1
7					
0					
7					
1					
答					

③ 4386+3521＝

+		4	3	8	6
3					
5					
2					
1					
答					

④ 7783+4391＝

+		7	7	8	3
4					
3					
9					
1					
答					

⑤ 5073+3571＝

+		5	0	7	3
3					
5					
7					
1					
答					

⑥ 8236+9875＝

+		8	2	3	6
9					
8					
7					
5					
答					

今日の日づけ ／　　　　**正解数** ／6問

第1章 ● マス目を使った4ケタのたし算

解 答
解答方法を確認しながら答えあわせをしましょう。

※問題を解くときは、11ページを切り取ってこのページをかくしましょう。

① 1234+3671=4905

		1	2	3	4
+					
3		4			
6			8		
7			1	0	
1					5
答		4	9	0	5

② 3561+7071=10632

		3	5	6	1
+					
7	1	0			
0			5		
7			1	3	
1					2
答	1	0	6	3	2

③ 4386+3521=7907

		4	3	8	6
+					
3		7			
5			8		
2			1	0	
1					7
答		7	9	0	7

④ 7783+4391=12174

		7	7	8	3
+					
4	1	1			
3			1	0	
9			1	7	
1					4
答	1	2	1	7	4

⑤ 5073+3571=8644

		5	0	7	3
+					
3		8			
5			5		
7			1	4	
1					4
答		8	6	4	4

⑥ 8236+9875=18111

		8	2	3	6
+					
9	1	7			
8			1	0	
7			1	0	
5				1	1
答	1	8	1	1	1

たし算

インド式マス目計算術 その4

ケタ数の違うたし算

ケタ数の違うたし算の場合は、ケタ数をそろえてから始めます。それさえできれば、あとは今までと同じようにマス目を使って計算できます。

例題

$$3451 + 29 = \boxed{?}$$

たされる数　　たす数

解き方

❶ 大きいほうのケタ数にそろえる

ケタ数の大きい**3451**の4ケタに**29**もあわせるために、頭に**00**をつける。

$$3451 + 29 = \boxed{?}$$
4ケタ　＞　2ケタ

$$29 \longrightarrow 0029$$
2ケタ　　　0をつけて4ケタに

↓

$$3451 + 0029 = \boxed{?}$$

第1章 ●ケタ数の違うたし算

❷ マス目を準備する

たて・横それぞれ5本の線をひき、たされる数とたす数を右のようにマス目に入れる。たす数には**0029**と書き入れる。

> たす数は「29」ですが、たてに「29」とだけ書くのはNG。

❸ 同じ位どうしをたしてマス目に答えを書く

ケタ数が同じなので、今までどおり計算して、答えは**3480**。

答え **3480**

考え方のポイント

ケタをそろえないとどうなっちゃうの？

■ **違うケタどうしをたすことになり正解がでません。**

学校で習う筆算も実はケタ数をそろえています。
例題を筆算で書いてみると、

```
  3451
+ 0029
```

と書きますよね？
これと同じことです。

> 頭に0をつけるだけだから、ケタあわせはカンタン！

練習問題

マス目を利用して次の計算をしましょう。

① 235＋12＝

＋	2	3	5
0			
1			
2			
答			

② 995＋8＝

＋	9	9	5
0			
0			
8			
答			

③ 7438＋321＝

＋	7	4	3	8
0				
3				
2				
1				
答				

④ 6257＋38＝

＋	6	2	5	7
0				
0				
3				
8				
答				

⑤ 76839＋356＝

＋	7	6	8	3	9
0					
0					
3					
5					
6					
答					

⑥ 438561＋7462＝

＋	4	3	8	5	6	1
0						
0						
7						
4						
6						
2						
答						

今日の日づけ ／

正解数 ／6問

たし算

第1章 ● ケタ数の違うたし算

解 答
解答方法を確認しながら答えあわせをしましょう。

※問題を解くときは、11ページを切り取ってこのページをかくしましょう。

① 235 + 12 = 247

+		2	3	5
0	→	2		
1		→	4	
2			→	7
答		2	4	7

② 995 + 8 = 1003

+		9	9	5
0	→	9		
0		→	9	
8		→	1	3
		9	0	3
		1		
答	1	0	0	3

③ 7438 + 321 = 7759

+		7	4	3	8
0	→	7			
3		→	7		
2			→	5	
1				→	9
答		7	7	5	9

④ 6257 + 38 = 6295

+		6	2	5	7
0	→	6			
0		→	2		
3			→	8	
8				→	15
答		6	2	9	5

⑤ 76839 + 356 = 77195

+		7	6	8	3	9
0	→	7				
0		→	6			
3			→	11		
5				→	8	
6					→	15
答		7	7	1	9	5

⑥ 438561 + 7462 = 446023

+		4	3	8	5	6	1
0	→	4					
0		→	3				
7			→	15			
4				→	9		
6				→	5	12	
2						→	3
			4	4	5		
					1	0	2	3
答		4	4	6	0	2	3

45

たし算のまとめ

たし算は大きな位から計算するのが基本です。2ケタの場合は暗算で、3ケタ以上の場合は、筆算やマス目を使って計算しましょう。

1 1円、5円、10円、50円玉にわける方法

18 + 14 = ?

18 + 14 = (10) + (5) + (1)(1)(1) + (10) + (1)(1)(1)(1)
　　　　　　●18円●　　　　　　　　●14円●
　　　　＝ 20 ＋ 5 ＋ 7
　　　　　　↑　　　↑　　　↑
　　　　10円玉の合計 5円玉の合計 1円玉の合計
　　　　＝ 32

2 大きな位から順にたしていく方法

328 + 745 = ?

```
    3 2 8
+   7 4 5
─────────
  ① ② ③
  1 0
      6
      1 3
─────────
④ 1 0 7 3
```

① 100の位……3+7=10
② 10の位……2+4=6
③ 1の位……8+5=13
④ 大きな位から順にたす

3 マス目を使う方法

328 + 745 = ?

+		3	2	8
7	①1	0		
4		②	6	
5			③1	3
答	1	0	7	3

❶ 100の位……3+7=10
❷ 10の位……2+4=6
❸ 1の位……8+5=13
❹ 大きな位から順にたす

第2章

ひき算

ひき算でやっかいなのは、くり下がりを考えなくてはいけないこと。このくり下がりをなくして、たし算で解いてしまう方法を覚えましょう。

ひき算のスパイス

ひき算はたし算で解く！

1 ひき算ウォーミングアップ！

基本のひき算

ひき算はたし算より手ごわいかもしれません。しかし、スラスラと暗記できるまでくり返せば、計算力は確実にアップします。

考え方のポイント

ひき算はたし算ができればできる？

■ **ひかれる数はたし算の答えと考えられます。**

例えば、17－9＝？ という問題を考えてみましょう。
これを図にしてみると、

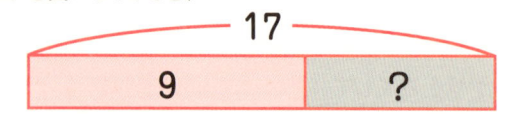

```
┌─────── 17 ───────┐
│    9    │    ?    │
└─────────┴─────────┘
```

になります。これは、9＋？＝17と考えることはできませんか。そうすれば、「たし算九九」で覚えた9の段に**9＋8＝17**がありましたね。

$$17 \underset{\text{ひかれる数}}{} - 9 \underset{\text{ひく数}}{} = \boxed{?} \underset{\text{答え}}{}$$

は

$$9 \underset{\text{たされる数}}{} + \boxed{?} \underset{\text{たす数}}{} = 17 \underset{\text{答え}}{}$$

と考えられる。

そうすれば、答えは **8** とわかりますね。

練習問題

すぐに答えがでるまで、くり返し練習しましょう。

1 ひかれる数が18のひき算をしましょう。
① 18 − 9 =

2 ひかれる数が17のひき算をしましょう。
① 17 − 9 =   ② 17 − 8 =

3 ひかれる数が16のひき算をしましょう。
① 16 − 9 =   ② 16 − 8 =
③ 16 − 7 =

4 ひかれる数が15のひき算をしましょう。
① 15 − 9 =   ② 15 − 8 =
③ 15 − 7 =   ④ 15 − 6 =

5 ひかれる数が14のひき算をしましょう。
① 14 − 9 =   ② 14 − 8 =
③ 14 − 7 =   ④ 14 − 6 =
⑤ 14 − 5 =

6 ひかれる数が13のひき算をしましょう。
① 13 − 9 =   ② 13 − 8 =
③ 13 − 7 =   ④ 13 − 6 =
⑤ 13 − 5 =   ⑥ 13 − 4 =

7 ひかれる数が12のひき算をしましょう。

① 12 − 9 =   ② 12 − 8 =

③ 12 − 7 =   ④ 12 − 6 =

⑤ 12 − 5 =   ⑥ 12 − 4 =

⑦ 12 − 3 =

8 ひかれる数が11のひき算をしましょう。

① 11 − 9 =   ② 11 − 8 =

③ 11 − 7 =   ④ 11 − 6 =

⑤ 11 − 5 =   ⑥ 11 − 4 =

⑦ 11 − 3 =   ⑧ 11 − 2 =

9 ひかれる数が10のひき算をしましょう。

① 10 − 9 =   ② 10 − 8 =

③ 10 − 7 =   ④ 10 − 6 =

⑤ 10 − 5 =   ⑥ 10 − 4 =

⑦ 10 − 3 =   ⑧ 10 − 2 =

⑨ 10 − 1 =

今日の日づけ　　／　　　正解数　　／45問

第2章 ● 基本のひき算

解 答
すべてできるようにしましょう。

※問題を解くときは、11ページを切り取ってこのページをかくしましょう。

1 ① 9

2 ① 8　　② 9

3 ① 7　　② 8
　　③ 9

4 ① 6　　② 7
　　③ 8　　④ 9

5 ① 5　　② 6
　　③ 7　　④ 8
　　⑤ 9

6 ① 4　　② 5
　　③ 6　　④ 7
　　⑤ 8　　⑥ 9

7 ① 3　　② 4
　　③ 5　　④ 6
　　⑤ 7　　⑥ 8
　　⑦ 9

8 ① 2　　② 3
　　③ 4　　④ 5
　　⑤ 6　　⑥ 7
　　⑦ 8　　⑧ 9

9 ① 1　　② 2
　　③ 3　　④ 4
　　⑤ 5　　⑥ 6
　　⑦ 7　　⑧ 8
　　⑨ 9

ひき算

10の位、1の位の順に計算しよう！　その1
2ケタ－1ケタの ひき算

2ケタ－1ケタのひき算もたし算と同じように、10の位と1の位にわけて10の位から計算していきます。

例題

$$91 - 7 = \boxed{?}$$

（ひかれる数）　（ひく数）

解き方

❶ ひかれる数を10の位と1の位にわける

91を90と1にわける。

❷ ひく数が10からいくつひいた数かを考える

7を10と－3にわける。

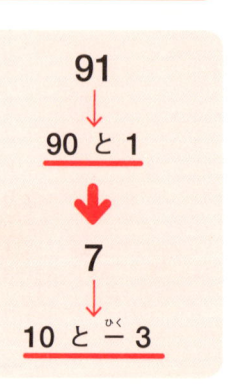

91
↓
90 と 1

7
↓
10 と －3

第2章 ● 2ケター1ケタのひき算

❸ ❶と❷をたてに並べてひく

90と1、10と-3を10の位、1の位にわけてたてに並べ、ひく数の頭には-をつける。

```
10の位   1の位
  90      1
 -10    - -3
```

❹ 10の位、1の位の順に計算

10の位の90-10と1の位の1+3を計算する。

> ルール：-が2つあるときは、+になります。詳しくは中学1年生で習います。

```
10の位   1の位
  90      1
 -10   ルール -3
 ───   ─── ───
  80    + 4
```

❺ 10の位と1の位をたす

10の位の80と1の位の4をたして、答えは84。

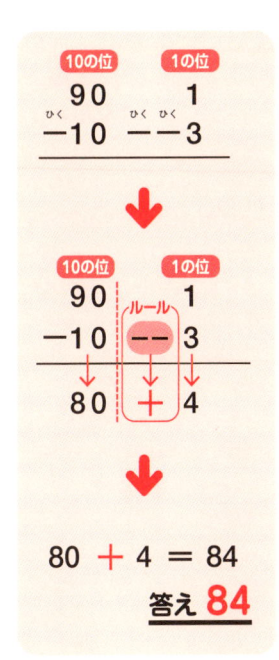

$$80 + 4 = 84$$

答え 84

考え方のポイント

どうして10の位から計算するの？
■ くり下がりを考えなくていいから。

例題をいつものように、ひき算の筆算で計算してみましょう。

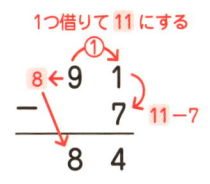

```
  1つ借りて 11 にする
      ①
  8← 9  1
 -     7   11-7
 ─────────
      8  4
```

まず、1の位から計算します。**1-7**はひけないので、10の位から1つ借りて**11-7**にして、1の位には4と書きます。10の位は9から1の位に1つ貸したので1をひいた8と書きます。つまり、くり下がりを考えなくてはいけません。

練習問題

大きな位からひく方法で計算しましょう。

① 23 − 8 =

② 81 − 6 =

③ 64 − 9 =

④ 57 − 8 =

⑤ 61 − 2 =

⑥ 83 − 4 =

ひき算

今日の日づけ　　／

正解数　　／6問

第2章 ●2ケター1ケタのひき算

解 答
解答方法を確認しながら答えあわせをしましょう。

※問題を解くときは、11ページを切り取ってこのページをかくしましょう。

① $23 - 8 = 15$

10の位	1の位
20	3
－10	－2

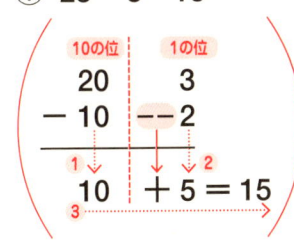

$10 + 5 = 15$

② $81 - 6 = 75$

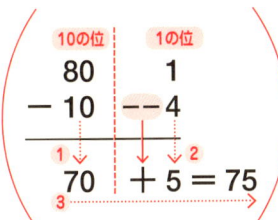

10の位	1の位
80	1
－10	－4

$70 + 5 = 75$

③ $64 - 9 = 55$

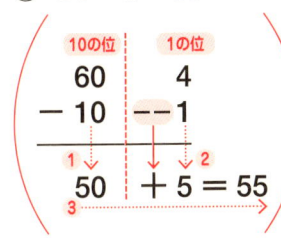

10の位	1の位
60	4
－10	－1

$50 + 5 = 55$

④ $57 - 8 = 49$

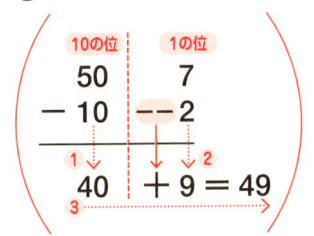

10の位	1の位
50	7
－10	－2

$40 + 9 = 49$

⑤ $61 - 2 = 59$

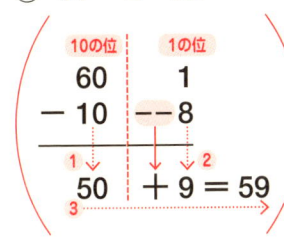

10の位	1の位
60	1
－10	－8

$50 + 9 = 59$

⑥ $83 - 4 = 79$

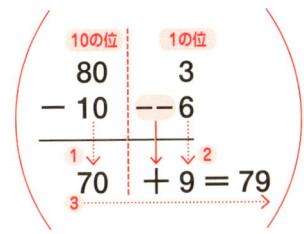

10の位	1の位
80	3
－10	－6

$70 + 9 = 79$

ひき算

3

10の位、1の位の順に計算しよう! その2
2ケタ−2ケタの ひき算

ひく数を10のまとまり−❓にするのがポイント。これさえできれば、あとは10の位から順に計算するだけです。

例題

$$73 - 28 = \boxed{?}$$

(ひかれる数) (ひく数)

解き方

❶ **ひかれる数を10の位と1の位にわける**
73を70と3にわける。

❷ **ひく数は10のまとまりからいくつひいた数かを考える**
28を30と−2にわける。

> 28にいくつたすとキリのいい数(=30)になるかを考えます。

73
↓
70 と 3

⬇

28
↓
30 と −2

第2章 ● 2ケタ−2ケタのひき算

❸ ❶と❷をたてに並べてひく

70と3、30と−2を10の位、1の位にわけてたてに並べる。ひく数の頭には−をつける。

```
  10の位    1の位
   70       3
  −30     −−2
```

❹ 10の位、1の位の順に計算

10の位の70−30と1の位の3+2を計算する。

> ルール：−が2つあるときは、+になります。詳しくは中学1年生で習います。

```
  10の位    1の位
   70       3
  −30     −−2     ルール
  ───    ───
   40     + 5
```

❺ 10の位と1の位をたす

10の位の40と1の位の5をたして、答えは45。

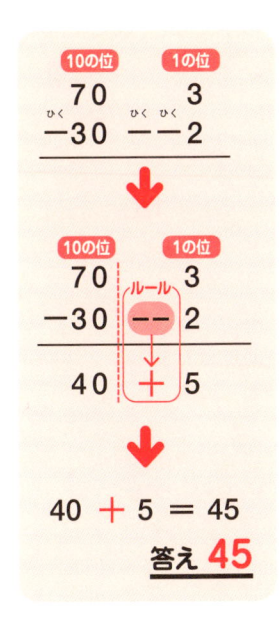

40 + 5 = 45

答え 45

考え方の ポイント

ひく数はどうして10のまとまり−?にするの？

■ キリのいい数字にして計算ミスをなくすため。

例題のひく数28は、右のように、2をたすと30というキリのいい数字になります。こうしておけば、10の位の計算は70−30ですぐに40と答えがだせますね。そして、最後に余計にひいた2をたしてあげるのです。

```
      ←── 30 ──→
    │  28  │ ? │
              ↓
              2
```

> くり下がりがないので、計算がラクにできるね！

練習問題

大きな位からひく方法で計算しましょう。

① 51 − 18 =

② 73 − 49 =

③ 65 − 23 =

④ 37 − 18 =

⑤ 91 − 43 =

⑥ 56 − 19 =

ひき算

今日の日づけ　　／

正解数　　／6問

第2章 ● 2ケター2ケタのひき算

解 答
解答方法を確認しながら答えあわせをしましょう。

※問題を解くときは、11ページを切り取ってこのページをかくしましょう。

① 51 − 18 = 33

	10の位	1の位
	50	1
−	20	−2
	30	+ 3 = 33

② 73 − 49 = 24

	10の位	1の位
	70	3
−	50	−1
	20	+ 4 = 24

③ 65 − 23 = 42

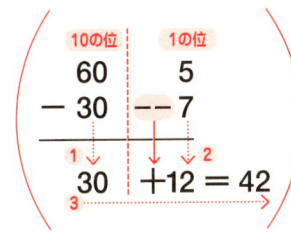

	10の位	1の位
	60	5
−	30	−7
	30	+12 = 42

④ 37 − 18 = 19

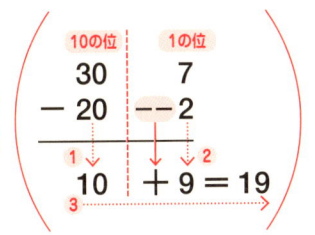

	10の位	1の位
	30	7
−	20	−2
	10	+ 9 = 19

⑤ 91 − 43 = 48

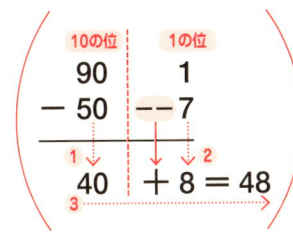

	10の位	1の位
	90	1
−	50	−7
	40	+ 8 = 48

⑥ 56 − 19 = 37

	10の位	1の位
	50	6
−	20	−1
	30	+ 7 = 37

ひき算

4 インド式ひき算レベルアップ！
3ケタ－2ケタの ひき算

3ケタ－2ケタのひき算は100の位とそれ以外の位にわけて計算しましょう。

例 題

$$312 - 28 = \boxed{?}$$

（ひかれる数）　（ひく数）

解 き 方

❶ ひかれる数を100の位とそれ以外の位にわける

312を300とそれ以外の12にわける。

❷ ひく数は10のまとまりからいくつひいた数かを考える

28を30と－2にわける。

> 28にいくつたすとキリのいい数（＝30）になるか考えます。

312
↓
300 と 12

28
↓
30 と －2

第2章 ● 3ケター2ケタのひき算

❸ ❶と❷をたてに並べてひく

300と12、30と-2をわけてたてに並べる。ひく数の頭には-をつける。

```
 300      12
ひく       ひく ひく
- 30     - - 2
```

> ひかれる数とひく数のケタ数が違うので、位取りを間違えないように注意しましょう。

❹ わけた2つのうちケタの大きいほうから順に計算する

300-30と12+2を計算する。

```
 300      12
- 30    ルール
         - -  2
          ↓
          +
 270      14
```

> ルール：-が2つあるときは、+になります。詳しくは中学1年生で習います。

❺ 10の位と1の位をたす

計算した270と14をたして、答えは284。

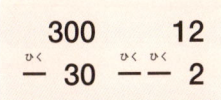

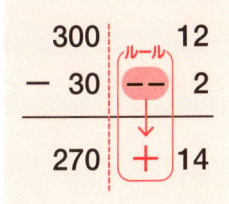

270+14＝284

答え 284

考え方のポイント

ひき算は全部このやり方がいいの？

■ くり下がりがないときは、暗算でも解けます。

例えば、759-38＝ ? という問題。大きな位から計算していくと、100の位は7-0＝7、10の位は5-3＝2、1の位は9-8＝1とくり下がりを考えずに721と答えがだせますね。こんなときは、そのまま計算したほうが速いです。

練習問題

大きな位からひく方法で計算しましょう。

① 631 − 25 =

② 738 − 47 =

③ 326 − 48 =

④ 421 − 18 =

⑤ 556 − 79 =

⑥ 813 − 29 =

ひき算

今日の日づけ　　／

正解数　　／6問

第2章 ● 3ケタ−2ケタのひき算

解答
解答方法を確認しながら答えあわせをしましょう。

※問題を解くときは、11ページを切り取ってこのページをかくしましょう。

① 631 − 25 = 606

$$\begin{array}{cc} 600 & 31 \\ -\ 30 & -\ 5 \end{array}$$
570 + 36 = 606

② 738 − 47 = 691

$$\begin{array}{cc} 700 & 38 \\ -\ 50 & -\ 3 \end{array}$$
650 + 41 = 691

③ 326 − 48 = 278

$$\begin{array}{cc} 300 & 26 \\ -\ 50 & -\ 2 \end{array}$$
250 + 28 = 278

④ 421 − 18 = 403

$$\begin{array}{cc} 400 & 21 \\ -\ 20 & -\ 2 \end{array}$$
380 + 23 = 403

⑤ 556 − 79 = 477

$$\begin{array}{cc} 500 & 56 \\ -\ 80 & -\ 1 \end{array}$$
420 + 57 = 477

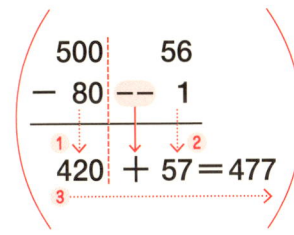

⑥ 813 − 29 = 784

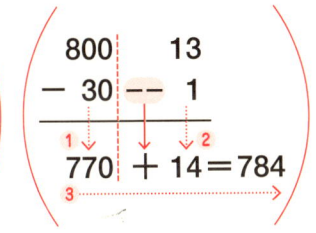

$$\begin{array}{cc} 800 & 13 \\ -\ 30 & -\ 1 \end{array}$$
770 + 14 = 784

ひき算

5

これができればひき算マスター！
3ケター3ケタの ひき算

3ケター3ケタのひき算ははじめに100の位のひき算をして、その答えを使ってつづきの計算をします。

例題

$$753 - 268 = \boxed{?}$$

ひかれる数　　ひく数

解き方

❶ ひかれる数を100の位とそれ以外の位にわける

753を700と53にわける。

753
↓
700 と 53

❷ ひく数を100の位とそれ以外の位にわける

268を200と68にわける。

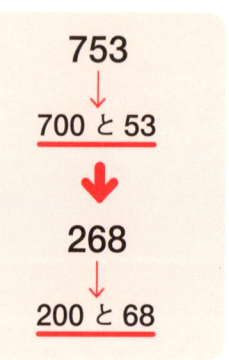

268
↓
200 と 68

第2章 ● 3ケタ−3ケタのひき算

❸ **ひく数の100の位以外の数字が10のまとまりからいくつひいた数かを考える**

ひく数の**68**を**70**と**−2**にわける。

> 68にいくつたすとキリのいい数(=70)になるか考えます。

❹ **100の位から計算する**

100の位の**700−200**を計算する。

❺ **❹の答えから❸のキリのいい数をひく**

❹の計算結果**500**から**70**をひく。

❻ **残りの数をたす**

753の100の位以外の**53**と**2**をたす。

> ルール：−が2つあるときは、+になります。詳しくは中学1年生で習います。

❼ **2つの計算結果をたす**

計算した**430**と**55**をたして、答えは**485**。

68
↓
70 と −2

↓

700   53
−200
─────
500
− 70   −− 2
─────
430

↓

700   53
−200   ↓
− 70   −− 2
          ルール
          + 55
─────
430

↓

430 + 55 = 485

答え 485

練習問題

大きな位からひく方法で計算しましょう。

① 643 − 351 =

② 282 − 146 =

③ 735 − 682 =

④ 419 − 321 =

⑤ 512 − 389 =

⑥ 441 − 273 =

ひき算

今日の日づけ　　／

正解数　　／6問

第2章 ●3ケタ−3ケタのひき算

解 答

解答方法を確認しながら答えあわせをしましょう。

※問題を解くときは、11ページを切り取ってこのページをかくしましょう。

① $643 - 351 = 292$

```
  600      43
 -300
  300
 - 60  -- 9
  240  + 52 = 292
```

② $282 - 146 = 136$

```
  200      82
 -100
  100
 - 50  -- 4
   50  + 86 = 136
```

③ $735 - 682 = 53$

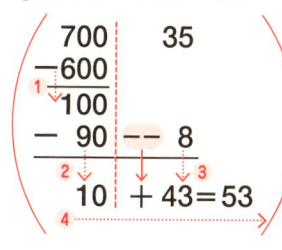

```
  700      35
 -600
  100
 - 90  -- 8
   10  + 43 = 53
```

④ $419 - 321 = 98$

```
  400      19
 -300
  100
 - 30  -- 9
   70  + 28 = 98
```

⑤ $512 - 389 = 123$

```
  500      12
 -300
  200
 - 90  -- 1
  110  + 13 = 123
```

⑥ $441 - 273 = 168$

```
  400      41
 -200
  200
 - 80  -- 7
  120  + 48 = 168
```

ひき算

ひき算のまとめ

ひき算はひく数をキリのいい数字−?にすることがポイント。そうすれば、キリのいい数字どうしのひき算とたし算で解くことができます。

1 2ケタ−1ケタのひき算

91 − 7 = ?

(91→ 90と1
　7→ 10と−3)

10の位	1の位
90	1
−10	−−3

① 80　② + 4 ＝ **84**
③

2 2ケタ−2ケタのひき算

73 − 28 = ?

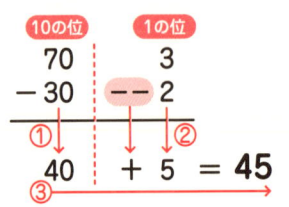

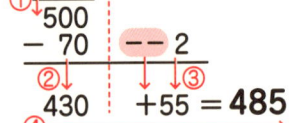

(73→ 70と3
　28→ 30と−2)

10の位	1の位
70	3
−30	−−2

① 40　② + 5 ＝ **45**
③

3 3ケタ−2ケタのひき算

312 − 28 = ?

(312→ 300と12
　 28→ 　30と−2)

300	12
−30	−−2

① 270　② +14 ＝ **284**
③

4 3ケタ−3ケタのひき算

753 − 268 = ?

(753→ 700と53
　268→ 200と（70−2）)

```
  700        53
①−200
  500
  − 70      −−2
②          ③
  430     +55 ＝ 485
④
```

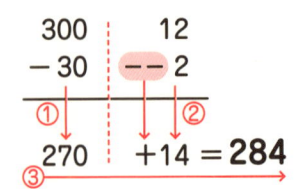

68

第3章

かけ算

かけ算は2ケタの計算をいかに速く解くことができるかがポイント。特別な場合に使える魔法のような公式も利用しながら、スムーズに解答できる方法を探しましょう。

かけ算のスパイス

かけ算は長方形の面積！

かけ算ウォーミングアップ！

基本のかけ算

かけ算九九は小学校で覚える基本的な内容ですが、覚え間違いのないようにしっかりと身につけておきましょう。

考え方のポイント

かけ算九九とは？

■ **1から9までのかけ算を「かけ算九九」といいます。**
インド人は19×19などを暗記しているといわれていますが、まずは基本の九九をスラスラと答えられるようにしましょう。

練習問題
すぐに答えがでるまで、くり返し練習しましょう。

1 1の段のかけ算をしましょう。

① 1×1＝　　② 1×2＝　　③ 1×3＝

④ 1×4＝　　⑤ 1×5＝　　⑥ 1×6＝

⑦ 1×7＝　　⑧ 1×8＝　　⑨ 1×9＝

第3章 ●基本のかけ算

2 2の段のかけ算をしましょう。

① 2×1＝　　② 2×2＝　　③ 2×3＝

④ 2×4＝　　⑤ 2×5＝　　⑥ 2×6＝

⑦ 2×7＝　　⑧ 2×8＝　　⑨ 2×9＝

3 3の段のかけ算をしましょう。

① 3×1＝　　② 3×2＝　　③ 3×3＝

④ 3×4＝　　⑤ 3×5＝　　⑥ 3×6＝

⑦ 3×7＝　　⑧ 3×8＝　　⑨ 3×9＝

4 4の段のかけ算をしましょう。

① 4×1＝　　② 4×2＝　　③ 4×3＝

④ 4×4＝　　⑤ 4×5＝　　⑥ 4×6＝

⑦ 4×7＝　　⑧ 4×8＝　　⑨ 4×9＝

5 5の段のかけ算をしましょう。

① 5×1＝　　② 5×2＝　　③ 5×3＝

④ 5×4＝　　⑤ 5×5＝　　⑥ 5×6＝

⑦ 5×7＝　　⑧ 5×8＝　　⑨ 5×9＝

かけ算

6 6の段のかけ算をしましょう。

① 6×1=   ② 6×2=   ③ 6×3=

④ 6×4=   ⑤ 6×5=   ⑥ 6×6=

⑦ 6×7=   ⑧ 6×8=   ⑨ 6×9=

7 7の段のかけ算をしましょう。

① 7×1=   ② 7×2=   ③ 7×3=

④ 7×4=   ⑤ 7×5=   ⑥ 7×6=

⑦ 7×7=   ⑧ 7×8=   ⑨ 7×9=

8 8の段のかけ算をしましょう。

① 8×1=   ② 8×2=   ③ 8×3=

④ 8×4=   ⑤ 8×5=   ⑥ 8×6=

⑦ 8×7=   ⑧ 8×8=   ⑨ 8×9=

9 9の段のかけ算をしましょう。

① 9×1=   ② 9×2=   ③ 9×3=

④ 9×4=   ⑤ 9×5=   ⑥ 9×6=

⑦ 9×7=   ⑧ 9×8=   ⑨ 9×9=

かけ算

今日の日づけ ／　　　　正解数 ／81問

第3章 ●基本のかけ算

解 答
すべてできるようにしましょう。

※問題を解くときは、11ページを切り取ってこのページをかくしましょう。

1 ① 1 ② 2 ③ 3
④ 4 ⑤ 5 ⑥ 6
⑦ 7 ⑧ 8 ⑨ 9

2 ① 2 ② 4 ③ 6
④ 8 ⑤ 10 ⑥ 12
⑦ 14 ⑧ 16 ⑨ 18

3 ① 3 ② 6 ③ 9
④ 12 ⑤ 15 ⑥ 18
⑦ 21 ⑧ 24 ⑨ 27

4 ① 4 ② 8 ③ 12
④ 16 ⑤ 20 ⑥ 24
⑦ 28 ⑧ 32 ⑨ 36

5 ① 5 ② 10 ③ 15
④ 20 ⑤ 25 ⑥ 30
⑦ 35 ⑧ 40 ⑨ 45

6 ① 6 ② 12 ③ 18
④ 24 ⑤ 30 ⑥ 36
⑦ 42 ⑧ 48 ⑨ 54

7 ① 7 ② 14 ③ 21
④ 28 ⑤ 35 ⑥ 42
⑦ 49 ⑧ 56 ⑨ 63

8 ① 8 ② 16 ③ 24
④ 32 ⑤ 40 ⑥ 48
⑦ 56 ⑧ 64 ⑨ 72

9 ① 9 ② 18 ③ 27
④ 36 ⑤ 45 ⑥ 54
⑦ 63 ⑧ 72 ⑨ 81

かけ算

2

面積におきかえて計算しよう！
2ケタ×2ケタのかけ算

2ケタ×2ケタを長方形の面積を求める公式にあてはめて考えてみましょう。

例題

$$23 \times 18 = \boxed{?}$$

(23 = かけられる数、18 = かける数)

解き方

❶ **かけられる数がたて、かける数が横になるように長方形をかく**

かけられる数の**23**がたて、かける数の**18**が横になるように長方形をかく。

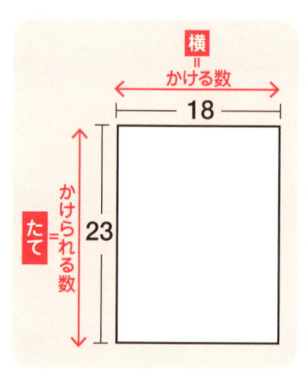

(図：横=かける数=18、たて=かけられる数=23 の長方形)

第3章 ● 2ケタ×2ケタのかけ算

❷ たてを10の位と1の位でわけて線をひく

たての**23**を**20**と**3**にわけて長方形を区切る。

❸ 横を10の位と1の位でわけて線をひく

横の**18**を**10**と**8**にわけて長方形を区切る。

❹ 4つの四角形の面積をだす

四角形㋐㋑㋒㋓の面積をそれぞれ求める。

㋐ 20 × 10 = 200
㋑ 20 × 8 = 160
㋒ 3 × 10 = 30
㋓ 3 × 8 = 24

❺ ❹で求めた面積を合計する

四角形㋐㋑㋒㋓の面積を合計した**414**が答えになる。

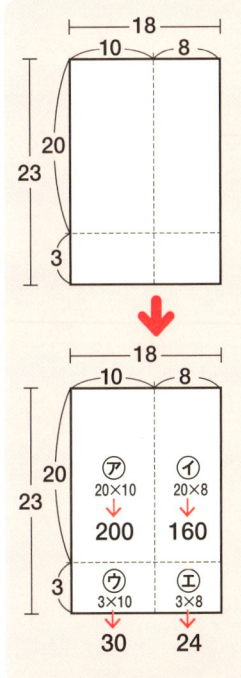

200 + 160 + 30 + 24 = 414

答え 414

かけ算

> かけ算は長方形の面積を求める公式（たて×横）と考えるとわかりやすいね！

練習問題

長方形の面積を求める方法で計算しましょう。

① 11×12＝

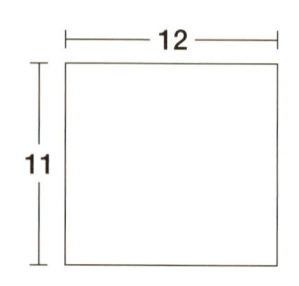

```
       12
    ┌──────┐
 11 │      │
    │      │
    └──────┘
```

② 13×15＝

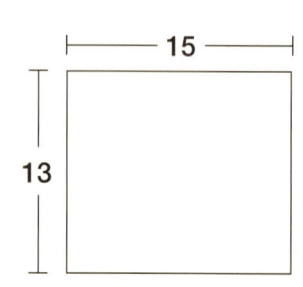

```
       15
    ┌────────┐
 13 │        │
    │        │
    └────────┘
```

③ 27×14＝

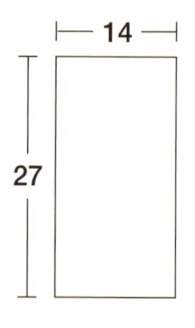

```
     14
   ┌────┐
   │    │
27 │    │
   │    │
   └────┘
```

④ 32×41＝

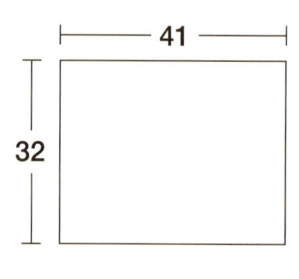

```
       41
    ┌────────┐
 32 │        │
    │        │
    └────────┘
```

かけ算

今日の日づけ　　／

正解数　　／4問

第3章 ● 2ケタ×2ケタのかけ算

解答
解答方法を確認しながら答えあわせをしましょう。

※問題を解くときは、11ページを切り取ってこのページをかくしましょう。

① 11×12＝132

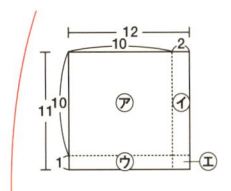

⑦ 10×10＝100
④ 10× 2＝ 20
⑦ 1×10＝ 10
① 1× 2＝ 2
100＋20＋10＋2＝132

② 13×15＝195

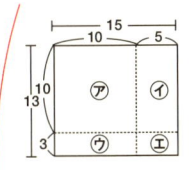

⑦ 10×10＝100
④ 10× 5＝ 50
⑦ 3×10＝ 30
① 3× 5＝ 15
100＋50＋30＋15＝195

③ 27×14＝378

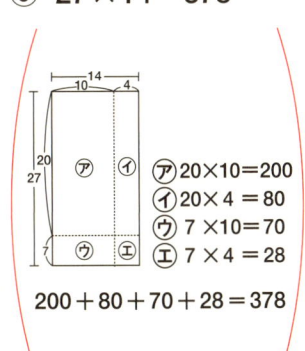

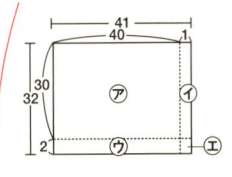

⑦ 20×10＝200
④ 20× 4＝ 80
⑦ 7×10＝ 70
① 7× 4＝ 28
200＋80＋70＋28＝378

④ 32×41＝1312

⑦ 30×40＝1200
④ 30× 1＝ 30
⑦ 2×40＝ 80
① 2× 1＝ 2
1200＋30＋80＋2＝1312

かけ算

マス目を使って求めよう！ その1

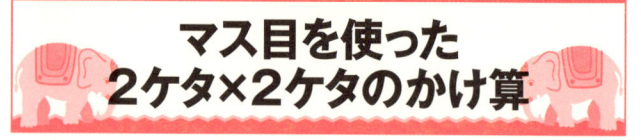

マス目を使った 2ケタ×2ケタのかけ算

かけ算はマス目を利用すると、位取りやくり上がりを間違えずにスムーズに答えを求めることができます。

例題

$$74 \times 32 = \boxed{?}$$

（かけられる数）（かける数）

解き方

❶ マス目を準備する

たて・横3本の線をひき、かけられる数とかける数を右のようにマス目に入れる。数字が埋まらなかったマスには、ななめ線をひく。

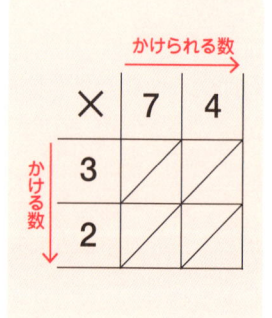

	かけられる数 →	
×	7	4
3		
2		

↓ かける数

第3章 ●マス目を使った2ケタ×2ケタのかけ算

❷ 10の位どうしをかけて答えを書く

74の10の位の**7**と**32**の10の位の**3**をかけた**21**(①)を、交わるマス目にあるななめ線の左右に1文字ずつ書く。

❸ 他の数も同様にかけ算をして答えを書き入れる

4×3＝12(②)、**7×2＝14**(③)、**4×2＝8**(④)をそれぞれが交わるマス目にあるななめ線の左右に1文字ずつ書く。

> かけ算の答えが1ケタになるときは、マス目の左側に「0」を書き入れます。

❹ 書き入れた答えを右上から左下にたす

ななめ線にそって数字をたす。上から**2**、**1＋1＋1＝3**、**2＋0＋4＝6**、**8**となり、**2368**が答えになる。

答え **2368**

> マス目を使うと、くり上がりを考えなくていいので計算ミスを防げるよ！

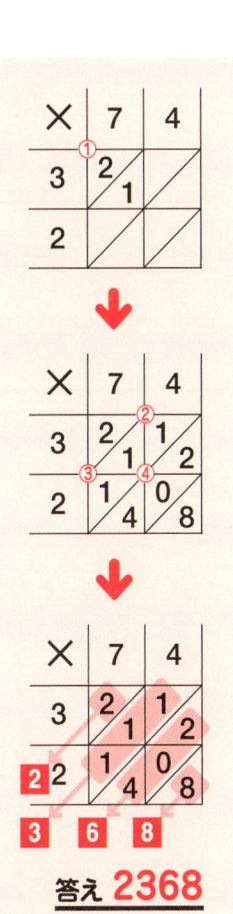

かけ算

練習問題
マス目を使って計算しましょう。

① 51×18＝

×	5	1
1		
8		

② 63×72＝

×	6	3
7		
2		

③ 41×24＝

×	4	1
2		
4		

④ 71×32＝

×	7	1
3		
2		

⑤ 11×11＝

×	1	1
1		
1		

⑥ 21×33＝

×	2	1
3		
3		

今日の日づけ ＿＿／＿＿　　正解数 ＿＿／6問

第3章 ● マス目を使った2ケタ×2ケタのかけ算

解 答
解答方法を確認しながら答えあわせをしましょう。

※問題を解くときは、11ページを切り取ってこのページをかくしましょう。

① $51 \times 18 = 918$

② $63 \times 72 = 4536$

③ $41 \times 24 = 984$

④ $71 \times 32 = 2272$

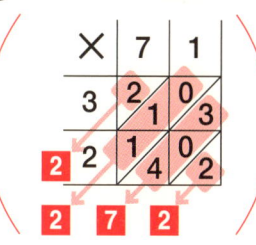

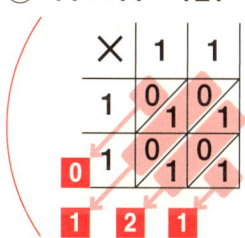

⑤ $11 \times 11 = 121$

⑥ $21 \times 33 = 693$

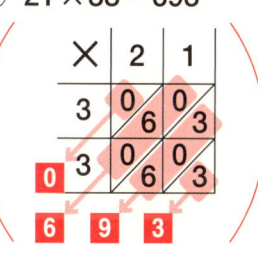

かけ算

4 マス目を使って求めよう! その2
マス目を使った3ケタ×2ケタのかけ算

かけられる数とかける数のケタ数が違うかけ算でも、マス目を使えばかんたんに答えを求めることができます。

例題

$$534 \times 37 = \boxed{?}$$

かけられる数 × かける数

解き方

❶ マス目を準備する

たて4本、横3本の線をひき、かけられる数とかける数を右のようにマス目に入れる。数字が埋まらなかったマスには、ななめ線をひく。

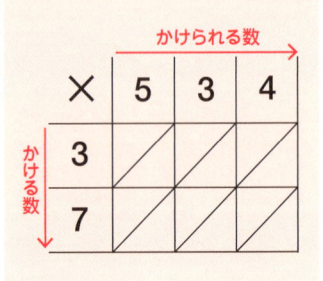

	かけられる数		
×	5	3	4
3	╱	╱	╱
7	╱	╱	╱

かける数

第3章 ● マス目を使った3ケタ×2ケタのかけ算

❷ かけ算の答えをマス目に書き入れる

5×3＝15（①）、3×3＝9（②）、4×3＝12（③）、5×7＝35（④）、3×7＝21（⑤）、4×7＝28（⑥）を交わるマス目にあるななめ線の左右に1文字ずつ書く。

> かけ算の答えが1ケタになるときは、マス目の左側に「0」を書き入れます。

❸ 書き入れた答えを右上から左下にたす

ななめ線にそって数字をたす。上から1、0＋5＋3＝8、1＋9＋2＋5＝17、2＋2＋1＝5、8になります。

❹ ❸の計算結果を左から順に書く

くり上がりがあるところは必ずたして、答えは**19758**になる。

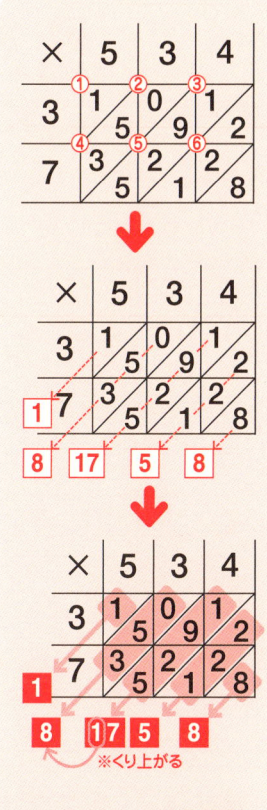

答え 19758

> かけ算はケタ数が違っていてもそのまま計算ができて便利だね！

かけ算

練習問題
マス目を使って計算しましょう。

① 661×18＝

×	6	6	1
1			
8			

② 325×73＝

×	3	2	5
7			
3			

③ 138×39＝

×	1	3	8
3			
9			

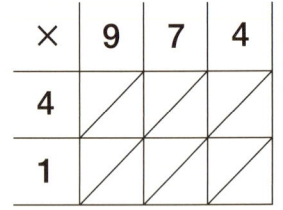

④ 974×41＝

×	9	7	4
4			
1			

⑤ 638×72＝

×	6	3	8
7			
2			

⑥ 489×91＝

×	4	8	9
9			
1			

かけ算

今日の日づけ　　／

正解数　　／6問

解答

第3章 ● マス目を使った3ケタ×2ケタのかけ算

解答方法を確認しながら答えあわせをしましょう。

※問題を解くときは、11ページを切り取ってこのページをかくしましょう。

① 661×18=11898

② 325×73=23725

③ 138×39=5382

④ 974×41=39934

⑤ 638×72=45936

⑥ 489×91=44499

5 マス目を使って求めよう！ その3

マス目を使った
3ケタ×3ケタのかけ算

3ケタ×3ケタのかけ算はマス目を使ったかけ算の応用編。
マス目をきれいに書いて位取りを間違えないようにしましょう。

例題

$$732 \times 538 = \boxed{?}$$

かけられる数　　かける数

解き方

① マス目を準備する

たて・横4本の線をひき、かけられる数とかける数を右のようにマス目に入れる。数字が埋まらなかったマスには、ななめ線をひく。

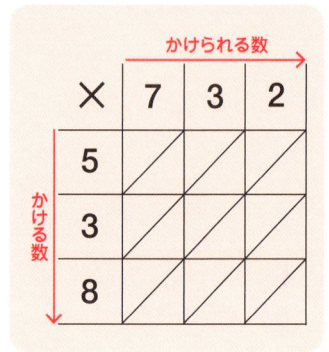

	かけられる数 →		
×	7	3	2
5	/	/	/
3	/	/	/
8	/	/	/

↓ かける数

第3章 ● マス目を使った3ケタ×3ケタのかけ算

❷ かけ算の答えをマス目に書き入れる

7×5=35（①）、3×5=15（②）、2×5=10（③）、7×3=21（④）、3×3=9（⑤）、2×3=6（⑥）、7×8=56（⑦）、3×8=24（⑧）、2×8=16（⑨）を交わるマス目にあるななめ線の左右に1文字ずつ書く。

> かけ算の答えが1ケタになるときは、マス目の左側に「0」を書き入れます。

❸ 書き入れた答えを右上から左下にたす

ななめ線にそって数字をたす。上から3、1+5+2=8、1+5+0+1+5=12、0+0+9+2+6=17、6+1+4=11、6になります。

※くり上がる

答え 393816

❹ ❸の計算結果を左から順に書く

くり上がりがあるところは必ずたして、答えは393816になる。

> マス目を使ったかけ算は3ケタまでがベスト。

練習問題
マス目を使って計算しましょう。

① 653×738＝

×	6	5	3
7			
3			
8			

② 427×519＝

×	4	2	7
5			
1			
9			

③ 395×854＝

×	3	9	5
8			
5			
4			

④ 777×666＝

×	7	7	7
6			
6			
6			

かけ算

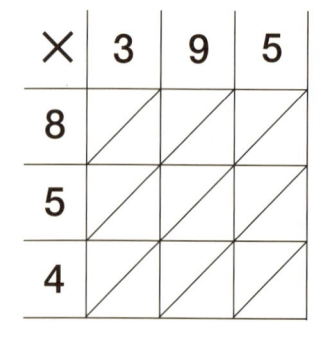

今日の日づけ　　／

正解数　　／4問

第3章 ● マス目を使った3ケタ×3ケタのかけ算

解 答
解答方法を確認しながら答えあわせをしましょう。

※問題を解くときは、11ページを切り取ってこのページをかくしましょう。

① 653×738＝481914

② 427×519＝221613

③ 395×854＝337330

④ 777×666＝517482

かけ算

6 たすきがけでかけ算を極める！ その1
たすきがけを使った2ケタ×2ケタのかけ算

2ケタ×2ケタのかけ算はマス目を使わなくても、筆算で上下・左右の数字をかけると答えを求めることができます。

例題

$$78 \times 32 = \boxed{?}$$

かけられる数　かける数

解き方

❶ 筆算を書く

$78 \times 32 = \boxed{?}$ を右のように筆算にする。

```
    7 8
×   3 2
```

❷ 上下（1の位どうし、10の位どうし）にかける

78の1の位の8と32の1の位の2をかけた16を1の位から書き、78の10の位の7と32の10の位の3をかけた21を100の位から書く。

```
    7 8
   ×× 
×   3 2
─────
  2 1 1 6
```

第3章 ● たすきがけを使った2ケタ×2ケタのかけ算

❸ ななめ（1の位と10の位をクロス）にかける

78の1の位の8と32の10の位の3をかけた24を10の位から書き、78の10の位の7と32の1の位の2をかけた14を10の位から書く。

❹ ❷～❸をたてにたす

3つの数をたてにたした2496が答えになる。

> 答えが1ケタになるときは頭に0をつけましょう。

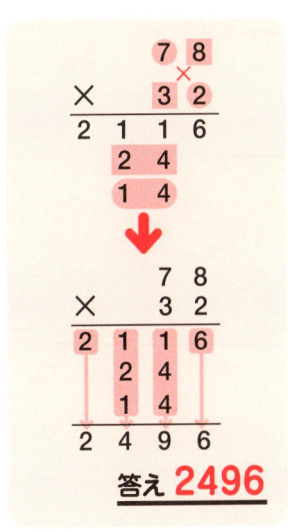

答え 2496

考え方のポイント

例題をマス目を使って解いてみましょう。

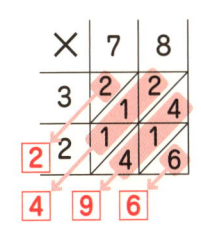

ななめにたす部分をたてに書いてみます。

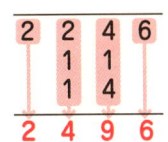

例題の筆算で解いたものと、数字の順番は少し違いますが同じ計算をしていますね。つまり、計算結果はどちらも同じになります。マス目をかかなくていいぶん、答えが速くでます。

練習問題

たすきがけを使って計算しましょう。

① 　　3 5　　　　　② 　　6 7
　× 　4 7　　　　　　× 　5 4
　―――――　　　　　　―――――

③ 　　8 3　　　　　④ 　　3 8
　× 　2 1　　　　　　× 　6 4
　―――――　　　　　　―――――

⑤ 　　1 8　　　　　⑥ 　　2 9
　× 　1 7　　　　　　× 　3 2
　―――――　　　　　　―――――

かけ算

今日の日づけ ／　　　　　正解数 ／6問

第3章 ● たすきがけを使った2ケタ×2ケタのかけ算

解 答

解答方法を確認しながら答えあわせをしましょう。

※問題を解くときは、11ページを切り取ってこのページをかくしましょう。

① 35×47=1645

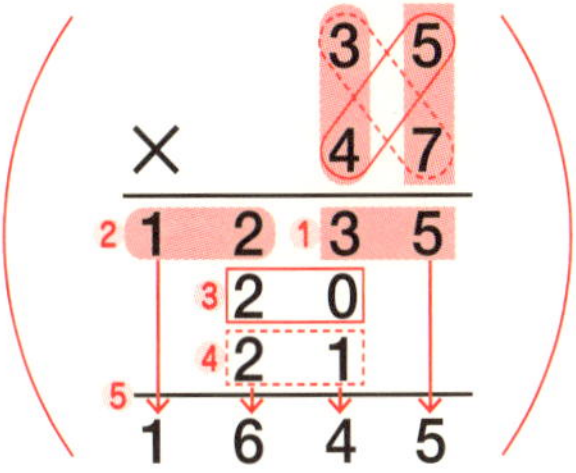

```
      3 5
   ×  4 7
   1 2 3 5
       2 0
       2 1
   1 6 4 5
```

② 67×54=3618

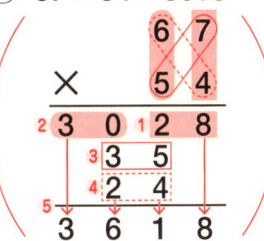

```
      6 7
   ×  5 4
   3 0 2 8
       3 5
       2 4
   3 6 1 8
```

③ 83×21=1743

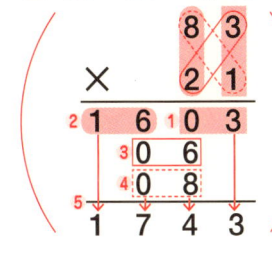

```
      8 3
   ×  2 1
   1 6 0 3
       0 6
       0 8
   1 7 4 3
```

④ 38×64=2432

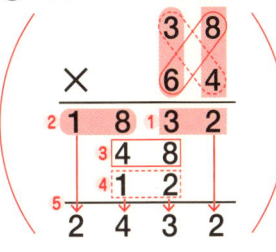

```
      3 8
   ×  6 4
   1 8 3 2
       4 8
       1 2
   2 4 3 2
```

⑤ 18×17=306

```
      1 8
   ×  1 7
   0 1 5 6
       0 8
       0 7
       3 0 6
```

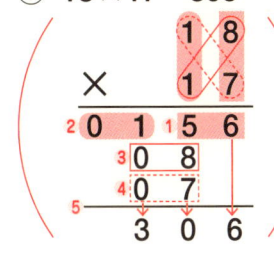

⑥ 29×32=928

```
      2 9
   ×  3 2
   0 6 1 8
       2 7
       0 4
       9 2 8
```

かけ算

93

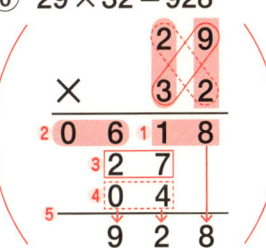

7

たすきがけでかけ算を極める！ その2

たすきがけを使った3ケタ×2ケタのかけ算

3ケタ×2ケタのかけ算は2ケタのかけ算のたすきがけの応用です。落ち着いて計算すれば速く答えを求められます。

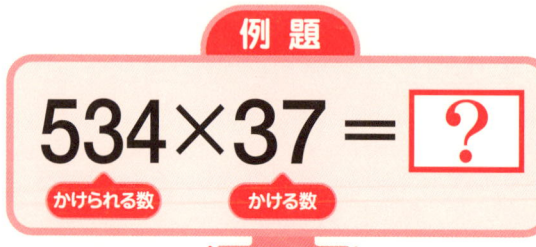

例題

$$534 \times 37 = \boxed{?}$$

（かけられる数）（かける数）

解き方

❶ 筆算を書く

$534 \times 37 = \boxed{?}$ を右のように筆算にする。

```
   5 3 4
 ×   3 7
```

❷ ❶の部分を上下にかける

$4 \times 7 = 28$ を1の位から書き、$3 \times 3 = 9$ を100の位から書く。

```
   5 3 4
 ×   3 7
   ───────
   0 9 2 8
```

答えが1ケタになるときは頭に0をつけましょう。

第3章 ● たすきがけを使った3ケタ×2ケタのかけ算

❸ ❷の部分を上下にかける

3×7＝21を10の位から書き、5×3＝15を1000の位から書く。

❹ かけられる数の1の位とかける数の10の位をななめにかける

4×3＝12を10の位から書く。

❺ かけられる数の100の位とかける数の1の位をななめにかける

5×7＝35を100の位から書く。

❻ ❷〜❹をたてにたす

4つの数をたてにたした19758が答えになる。

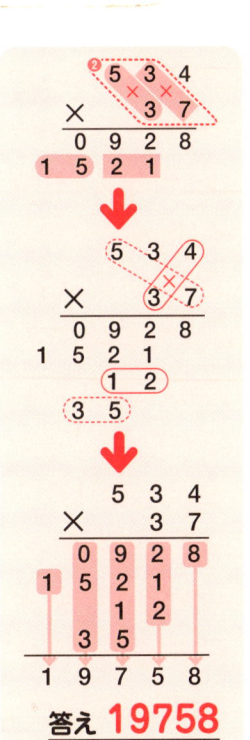

答え 19758

考え方のポイント

上下・左右の順番で計算。しっかりと覚えておこう！

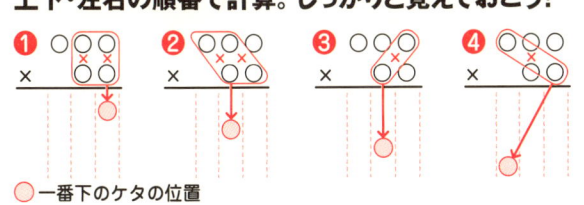

○ 一番下のケタの位置

練習問題

たすきがけを使って計算しましょう。

①
```
      2 3 4
  ×     7 8
  ─────────
```

②
```
      3 5 6
  ×     2 1
  ─────────
```

かけ算

③
```
      5 1 4
  ×     2 3
  ─────────
```

④
```
      4 9 6
  ×     3 3
  ─────────
```

今日の日づけ ＿＿／＿＿　　正解数 ＿＿／4問

第3章 ● たすきがけを使った3ケタ×2ケタのかけ算

解 答
解答方法を確認しながら答えあわせをしましょう。

※問題を解くときは、11ページを切り取ってこのページをかくしましょう。

① $234 \times 78 = 18252$

② $356 \times 21 = 7476$

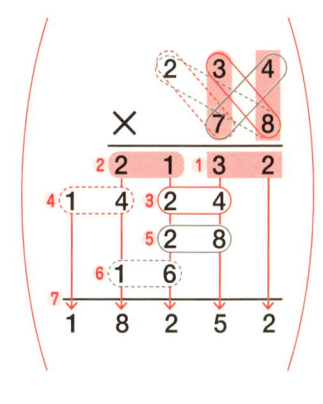

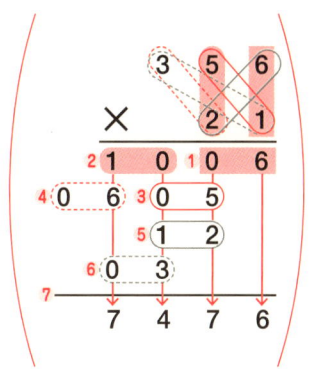

③ $514 \times 23 = 11822$

④ $496 \times 33 = 16368$

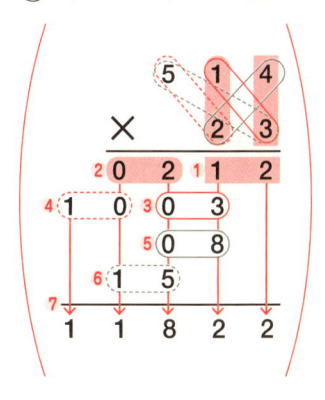

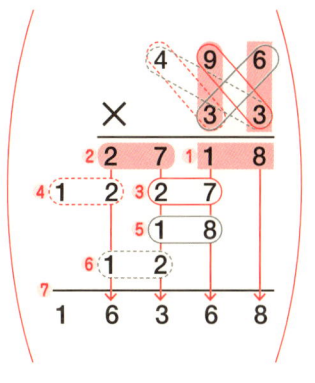

特別な場合の2ケタかけ算 その1

かけられる数またはかける数が11の場合

かけられる数、またはかける数が11のかけ算は、11でないほうの数字の10の位と1の位の間にそれぞれの数字をたしたものをはさむだけで答えになります。

例題

$$27 \times 11 = \boxed{?}$$

かけられる数　かける数

解き方

❶ 11でないほうの数字の10の位と1の位の間にひとマスあける

27の10の位の2と1の位の7の間にひとマスあける。

> かける数とかけられる数のどちらが11でも同じやり方です。

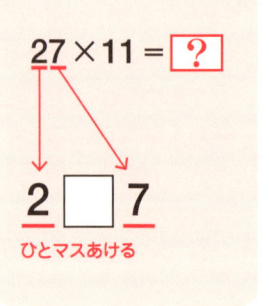

$27 \times 11 = \boxed{?}$

2　□　7
ひとマスあける

第3章 ● かけられる数またはかける数が11の場合

❷ **あけたマスに11でない ほうの数字の10の位と 1の位をたした数を書く**

ひとマスあけたところに 27の10の位の2と1の位 の7をたした9を書いた 297が答えになる。

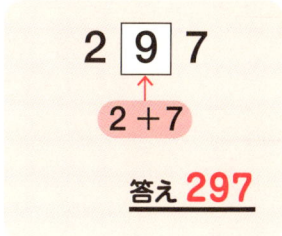

2 9 7
2＋7

答え 297

考え方の ポイント

なぜかけ算をしなくても答えがでるの？

■ **それは、実際にかけ算の筆算をしてみればわかります。**
例題の27×11＝？ を筆算で解いてみましょう。

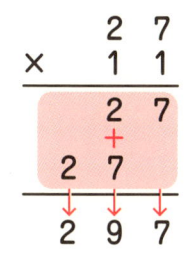

```
      2 7
  ×   1 1
      2 7
  ＋
    2 7
    2 9 7
```

の部分に注目してみてください。2と7は両側に、まん中 に2＋7がくることがわかりますね。ですから、かけられる数ま たはかける数が11の場合のかけ算は、たし算を1回するだけ で答えが求められるのです。

これなら問題を見 たとたんに答えが だせるね！

練習問題
次の計算を暗算で解きましょう。

① 11×11＝

② 18×11＝

③ 11×35＝

④ 43×11＝

⑤ 11×62＝

⑥ 52×11＝

⑦ 11×73＝

⑧ 94×11＝

第3章 ● かけられる数またはかける数が11の場合

解 答
解答方法を確認しながら答えあわせをしましょう。

※問題を解くときは、11ページを切り取ってこのページをかくしましょう。

① 11×11 = 121

1 [2] 1
↑
(1+1)

② 18×11 = 198

1 [9] 8
↑
(1+8)

③ 11×35 = 385

3 [8] 5
↑
(3+5)

④ 43×11 = 473

4 [7] 3
↑
(4+3)

⑤ 11×62 = 682

6 [8] 2
↑
(6+2)

⑥ 52×11 = 572

5 [7] 2
↑
(5+2)

⑦ 11×73 = 803

```
  7 [0] 3
+       ↑
    (7+3=10)
 ①
=   ↓  ※くり上がる
  8  0  3
```

⑧ 94×11 = 1034

```
  9 [3] 4
+       ↑
    (9+4=13)
 ①
=   ↓  ※くり上がる
 1 0  3  4
```

かけ算

101

9 特別な場合の2ケタかけ算 その2
かけられる数とかける数が同じ場合

2ケタの同じ数どうしをかける場合には、10の位と1の位をわけて公式にあてはめるとスムーズに答えが求められます。

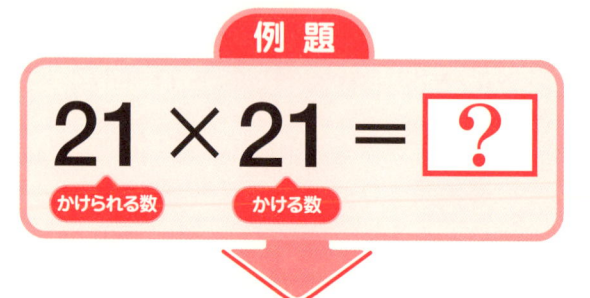

例題

$$21 \times 21 = \boxed{?}$$

（かけられる数）（かける数）

解き方

❶ 10の位どうしをかける

21の10の位の20×20を計算する。

$$20 \times 20 = 400$$

❷ 1の位どうしをかける

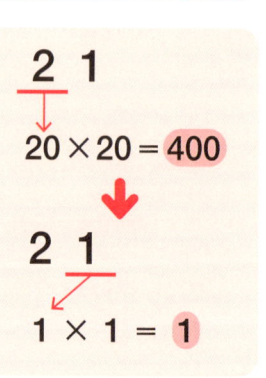

21の1の位の1×1を計算する。

$$1 \times 1 = 1$$

第3章 ● かけられる数とかける数が同じ場合

❸ **10の位と1の位の数をかけて それを2倍する**

21の10の位の20と1の位の1を かけた20にさらに2をかける。

$20 \times 1 = \underline{20}$

$20 \times 2 = \boxed{40}$

❹ **❶～❸をたす**

10の位どうしをかけた400と1の 位どうしをかけた1と10の位と1 の位の数をかけてそれを2倍した 40をたして、答えは441になる。

$400 + 1 + 40 = 441$

答え 441

考え方のポイント

どうしてそのような計算方法になるの？

■ **正方形の面積を使って考えてみるとわかります。**

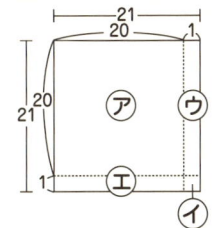

例題を1辺21cmの正方形の面積を 求めると考えます。1辺21cmの正方 形を1辺20cmの正方形とそれ以外 の部分にわけます。そうすると21cm の正方形の面積は右のア イ ウ エを たした面積と考えることができます。

つまり、$20 \times 20 = 400$…ア、$1 \times 1 = 1$…イ、$20 \times 1 = 20$…ウ エの面積はウの面積と同じなので$20 \times 2 = 40$…(ウ+エ) これらをたすと$400 + 1 + 40 = 441 (cm^2)$になります。 これと同じ計算を例題でも行っていましたね。

> やり方を忘れてしまったら正方形 の面積をイメージしよう！

かけ算

練習問題
かけられる数とかける数が同じ計算をしましょう。

① 14×14＝

② 23×23＝

③ 37×37＝

④ 51×51＝

⑤ 43×43＝

⑥ 62×62＝

今日の日づけ ／

正解数 ／6問

第3章 ● かけられる数とかける数が同じ場合

解 答
解答方法を確認しながら答えあわせをしましょう。

※問題を解くときは、11ページを切り取ってこのページをかくしましょう。

① 14×14=196

10 × 10 =100
1 10の位×10の位
4 × 4 = 16
2 1の位×1の位
(10×4) × 2 = 80
3 (10の位×1の位)×2
100 + 16 + 80 =196
4 ①~③をたす

② 23×23=529

20 × 20 =400
1 10の位×10の位
3 × 3 = 9
2 1の位×1の位
(20×3) × 2 =120
3 (10の位×1の位)×2
400 + 9 +120=529
4 ①~③をたす

③ 37×37=1369

30 × 30 =900
1 10の位×10の位
7 × 7 = 49
2 1の位×1の位
(30×7) × 2 = 420
3 (10の位×1の位)×2
900+49+420=1369
4 ①~③をたす

④ 51×51=2601

50 × 50 =2500
1 10の位×10の位
1 × 1 = 1
2 1の位×1の位
(50×1) × 2 = 100
3 (10の位×1の位)×2
2500+1+100=2601
4 ①~③をたす

⑤ 43×43=1849

40 × 40 =1600
1 10の位×10の位
3 × 3 = 9
2 1の位×1の位
(40×3) × 2 = 240
3 (10の位×1の位)×2
1600+9+240=1849
4 ①~③をたす

⑥ 62×62=3844

60 × 60 =3600
1 10の位×10の位
2 × 2 = 4
2 1の位×1の位
(60×2) × 2 = 240
3 (10の位×1の位)×2
3600+4+240=3844
4 ①~③をたす

かけ算

10 特別な場合の2ケタかけ算 その3

かけられる数とかける数の まん中がキリのいい数の場合

ある数をまん中にして同じ差があるかけ算では、まん中の数とその差を使って答えを求めることができます。

例題

$$22 \times 18 = \boxed{?}$$

かけられる数　かける数

解き方

❶ **かけられる数とかける数のまん中の数を考える**

かけられる数22とかける数18のまん中の数を求める。

❷ **かけられる数とかける数のまん中の数との差を求める**

かけられる数22とまん中の数の20、かける数18とまん中の数の20には2ずつ差がある。

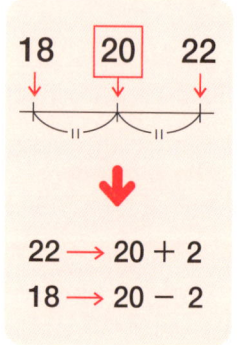

```
18   20   22
 ↓    ↓    ↓
 └─=──┴──=─┘
```

↓

$22 \to 20 + 2$
$18 \to 20 - 2$

106

第3章 ● かけられる数とかける数のまん中がキリのいい数の場合

❸ **まん中の数×まん中の数を計算**

　❶で求めたまん中の数の20×20を計算する。

❹ **まん中の数との差×まん中の数との差を計算する**

　❷で求めたまん中の数との差の2×2を計算する。

❺ **「まん中の数×まん中の数」から「まん中の数との差×まん中の数との差」をひく**

　❸で求めた400から❹で求めた4をひいた、396が答えになる。

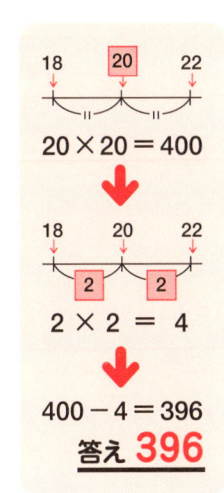

$20 \times 20 = 400$

$2 \times 2 = 4$

$400 - 4 = 396$

答え 396

考え方のポイント

どうしてそのような計算方法になるの?
■ **長方形の面積を使って考えてみるとわかります。**

例題をたて22cm、横18cmの長方形の面積を求めると考えます。㋑の部分を㋐の右側にくっつけます(①)。そうすると、1辺20cmの正方形から㋒の部分をひけばいいことがわかります(②)。これを計算すると、

$20 \times 20 = 400$

$2 \times 2 = 4$

$400 - 4 = 396 (cm^2)$になります。

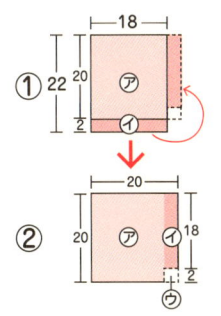

練習問題

次の問題を計算をくふうして解きましょう。

① 31×29＝

② 17×23＝

③ 53×47＝

④ 12×8＝

⑤ 27×33＝

⑥ 38×42＝

かけ算

今日の日づけ　　／

正解数　　／6問

第3章 ● かけられる数とかける数のまん中がキリのいい数の場合

解 答
解答方法を確認しながら答えあわせをしましょう。

※問題を解くときは、11ページを切り取ってこのページをかくしましょう。

① 31×29＝899

30 × 30 ＝ 900
1 まん中の数×まん中の数
1 × 1 ＝ 1
2 まん中の数との差×まん中の数との差
900 － 1 ＝ 899
3 ①－②

② 17×23＝391

20 × 20 ＝ 400
1 まん中の数×まん中の数
3 × 3 ＝ 9
2 まん中の数との差×まん中の数との差
400 － 9 ＝ 391
3 ①－②

③ 53×47＝2491

50 × 50 ＝2500
1 まん中の数×まん中の数
3 × 3 ＝ 9
2 まん中の数との差×まん中の数との差
2500－ 9 ＝2491
3 ①－②

④ 12×8＝96

10 × 10 ＝ 100
1 まん中の数×まん中の数
2 × 2 ＝ 4
2 まん中の数との差×まん中の数との差
100 － 4 ＝ 96
3 ①－②

⑤ 27×33＝891

30 × 30 ＝900
1 まん中の数×まん中の数
3 × 3 ＝ 9
2 まん中の数との差×まん中の数との差
900 － 9 ＝891
3 ①－②

⑥ 38×42＝1596

40 × 40 ＝1600
1 まん中の数×まん中の数
2 × 2 ＝ 4
2 まん中の数との差×まん中の数との差
1600－ 4 ＝1596
3 ①－②

かけ算

11

特別な場合の2ケタかけ算 その4
10の位の数が同じ場合

10の位の数が同じ場合のかけ算では、10の位の数と1の位の数を順序にしたがってかけあわせると答えがだせます。

例題

$$27 \times 22 = \boxed{?}$$

かけられる数　　かける数

解き方

❶ **かけられる数とかける数の10の位どうしをかける**

かけられる数27の10の位の20とかける数22の10の位の20をかける。

$$27 \times 22 = \boxed{?}$$
$$20 \times 20 = 400$$

❷ **かけられる数とかける数の1の位どうしをかける**

かけられる数27の1の位の7とかける数22の1の位の2をかける。

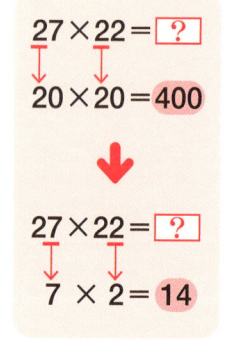

$$27 \times 22 = \boxed{?}$$
$$7 \times 2 = 14$$

かけ算

第3章 ●10の位の数が同じ場合

❸ **かけられる数とかける数の1の位どうしをたしたものに10の位をかける**

かけられる数27の1の位の7とかける数22の1の位の2をたした9に、10の位の20をかける。

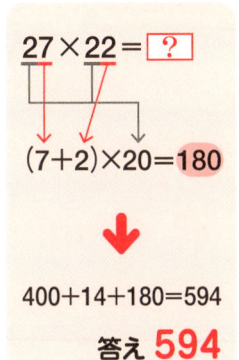

$27 \times 22 = \boxed{?}$

$(7+2) \times 20 = 180$

❹ **❶〜❸をたす**

❶で求めた400と❷で求めた14、❸で求めた180をたして、答えは594になる。

$400 + 14 + 180 = 594$

答え 594

考え方の ポイント

どうしてそのような計算方法になるの？
■ 長方形の面積を使って考えてみるとわかります。

例題をたて27cm、横22cmの長方形の面積を求めると考えます。1辺20cmの正方形とそれ以外の部分にわけます。そうすると、㋐+㋑+ ▨ 部分を合計すればいいことがわかります。

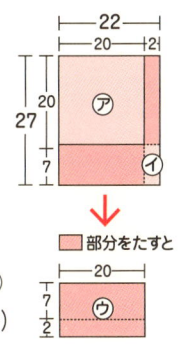

これを計算すると、$20 \times 20 = 400$ …㋐
$2 \times 7 = 14$ …㋑

▨ 部分をたすと $(7+2) \times 20 = 180$ …㋒

これを合計して $400 + 14 + 180 = 594 (cm^2)$
と求めることができます。

これと同じ計算を例題でも行っていましたね。

かけ算

練習問題

次の問題を計算をくふうして解きましょう。

① 17×12＝

② 23×21＝

③ 34×35＝

④ 41×43＝

⑤ 38×33＝

⑥ 74×71＝

かけ算

今日の日づけ　　／

正解数　　／6問

第3章 ●10の位の数が同じ場合

解 答
解答方法を確認しながら答えあわせをしましょう。

※問題を解くときは、11ページを切り取ってこのページをかくしましょう。

① 17×12＝204

$\begin{pmatrix} 10 \times 10 = 100 \\ \text{1 10の位×10の位} \\ 7 \times 2 = 14 \\ \text{2 1の位×1の位} \\ (7+2) \times 10 = 90 \\ \text{3 (1の位＋1の位)×10の位} \\ 100 + 14 + 90 = 204 \\ \text{4 ①～③をたす} \end{pmatrix}$

② 23×21＝483

$\begin{pmatrix} 20 \times 20 = 400 \\ \text{1 10の位×10の位} \\ 3 \times 1 = 3 \\ \text{2 1の位×1の位} \\ (3+1) \times 20 = 80 \\ \text{3 (1の位＋1の位)×10の位} \\ 400 + 3 + 80 = 483 \\ \text{4 ①～③をたす} \end{pmatrix}$

③ 34×35＝1190

$\begin{pmatrix} 30 \times 30 = 900 \\ \text{1 10の位×10の位} \\ 4 \times 5 = 20 \\ \text{2 1の位×1の位} \\ (4+5) \times 30 = 270 \\ \text{3 (1の位＋1の位)×10の位} \\ 900 + 20 + 270 = 1190 \\ \text{4 ①～③をたす} \end{pmatrix}$

④ 41×43＝1763

$\begin{pmatrix} 40 \times 40 = 1600 \\ \text{1 10の位×10の位} \\ 1 \times 3 = 3 \\ \text{2 1の位×1の位} \\ (1+3) \times 40 = 160 \\ \text{3 (1の位＋1の位)×10の位} \\ 1600 + 3 + 160 = 1763 \\ \text{4 ①～③をたす} \end{pmatrix}$

⑤ 38×33＝1254

$\begin{pmatrix} 30 \times 30 = 900 \\ \text{1 10の位×10の位} \\ 8 \times 3 = 24 \\ \text{2 1の位×1の位} \\ (8+3) \times 30 = 330 \\ \text{3 (1の位＋1の位)×10の位} \\ 900 + 24 + 330 = 1254 \\ \text{4 ①～③をたす} \end{pmatrix}$

⑥ 74×71＝5254

$\begin{pmatrix} 70 \times 70 = 4900 \\ \text{1 10の位×10の位} \\ 4 \times 1 = 4 \\ \text{2 1の位×1の位} \\ (4+1) \times 70 = 350 \\ \text{3 (1の位＋1の位)×10の位} \\ 4900 + 4 + 350 = 5254 \\ \text{4 ①～③をたす} \end{pmatrix}$

かけ算

12

特別な場合の2ケタかけ算 その5
10の位の数が同じ数で1の位をたすと10になる場合

10の位の数が同じ数で1の位をたすと10になる場合のかけ算は、11で紹介した方法よりもさらにかんたんに計算できます。

例題

$$23 \times 27 = \boxed{?}$$

かけられる数　　かける数

解き方

❶ **かけられる数とかける数の1の位どうしをかける**

かけられる数23の1の位の3とかける数27の1の位の7をかける。

$$23 \times 27 = \boxed{?}$$
$$3 \times 7 = 21$$

❷ **10の位の数×(10の位の数＋10)を計算する**

10の位の20とそれに10をたした数をかける。

$$23 \times \underline{2}7 = \boxed{?}$$
$$20 \times (20 + 10) = 600$$

114

第3章 ● 10の位の数が同じ数で1の位をたすと10になる場合

❸ ❶と❷をたす

❶で求めた21と❷で求めた600をたして、答えは621となる。

$$21 + 600 = 621$$
答え 621

考え方のポイント

どうしてそのような計算方法になるの？
■ 長方形の面積を使って考えてみるとわかります。

例題をたて23cm、横27cmの長方形の面積を求めると考えます。
右図のように1辺20cmの正方形とそれ以外の部分にわけます。そして、■部分を矢印のように移動させると、たて3cm、横7cmの長方形とたて20cm、横30cmの長方形の面積を合計すればいいことがわかります。
これを計算すると、

3 × 7 = 21
20 × 30 = 600

これを合計して

21 + 600 = 621（cm²）

と求めることができます。
これと同じ計算を例題でも行っていましたね。

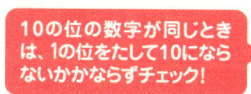

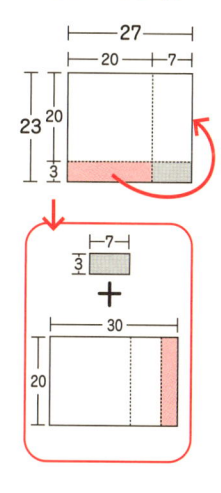

> 10の位の数字が同じときは、1の位をたして10にならないかかならずチェック！

かけ算

練習問題

次の問題を計算をくふうして解きましょう。

① 14 × 16 =

② 33 × 37 =

③ 28 × 22 =

④ 46 × 44 =

⑤ 54 × 56 =

⑥ 21 × 29 =

第3章 ● 10の位の数が同じ数で1の位をたすと10になる場合

解 答
解答方法を確認しながら答えあわせをしましょう。

※問題を解くときは、11ページを切り取ってこのページをかくしましょう。

① $14 \times 16 = 224$

$4 \times 6 = 24$
1 1の位×1の位
$10 \times (10+10) = 200$
2 10の位×(10の位+10)
$24 + 200 = 224$
3 ①+②

② $33 \times 37 = 1221$

$3 \times 7 = 21$
1 1の位×1の位
$30 \times (30+10) = 1200$
2 10の位×(10の位+10)
$21 + 1200 = 1221$
3 ①+②

③ $28 \times 22 = 616$

$8 \times 2 = 16$
1 1の位×1の位
$20 \times (20+10) = 600$
2 10の位×(10の位+10)
$16 + 600 = 616$
3 ①+②

④ $46 \times 44 = 2024$

$6 \times 4 = 24$
1 1の位×1の位
$40 \times (40+10) = 2000$
2 10の位×(10の位+10)
$24 + 2000 = 2024$
3 ①+②

⑤ $54 \times 56 = 3024$

$4 \times 6 = 24$
1 1の位×1の位
$50 \times (50+10) = 3000$
2 10の位×(10の位+10)
$24 + 3000 = 3024$
3 ①+②

⑥ $21 \times 29 = 609$

$1 \times 9 = 9$
1 1の位×1の位
$20 \times (20+10) = 600$
2 10の位×(10の位+10)
$9 + 600 = 609$
3 ①+②

かけ算

13

いろんな方法で解いてみよう!
面積・マス目・交点を利用したかけ算

例題

$$12 \times 23 = \boxed{?}$$

12 → かけられる数
23 → かける数

解き方

解法1 面積を使って解く

長方形をかき、4つ部分にわけてそれぞれの面積を計算する(74ページ「2ケタ×2ケタかけ算」参照)。

これをななめにたしてみると右のようになります。

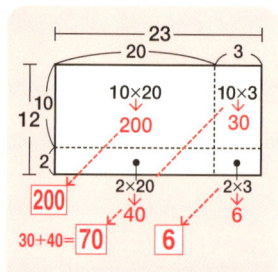

```
         23
      20     3
   ┌──────┬───┐
10 │10×20 │10×3│
12 │ 200  │ 30 │
 2 │ 2×20 │2×3 │
   │  40  │  6 │
   └──────┴───┘
   200   30+40=70   6
```

→ $200 + 70 + 6 = 276$

答え 276

解法2 マス目を使って解く

マス目を準備して、計算した答えをマス目に埋めていき、ななめにたす(78ページ「マス目を使った2ケタ×2ケタのかけ算」参照)。

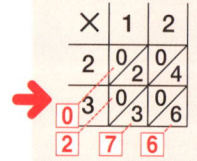

```
  ×  │ 1 │ 2 │
  2  │0 2│0 4│
  3  │0 3│0 6│
     │ 0 │ 3 │ 6
     │ 2 │ 7 │ 6
```

答え 276

第3章 ● 面積・マス目・交点を利用したかけ算

解法3 交点を利用して解く

❶ かけられる数の10の位と1の位にわけて、その数ぶんの横線をかく。

横にかけられる数**12**の10の位の**1**(本)と1の位の**2**(本)の直線をひく。

❷ かける数の10の位と1の位にわけて、その数ぶんのたて線をかく。

たてにかける数**23**の10の位の**2**(本)と1の位の**3**(本)の直線をひく。

❸ それぞれの交点に●をつける

右図のようにたてと横が交わったところに●をつける。

❹ ななめに●の数を数える

ななめに●の数を数える。

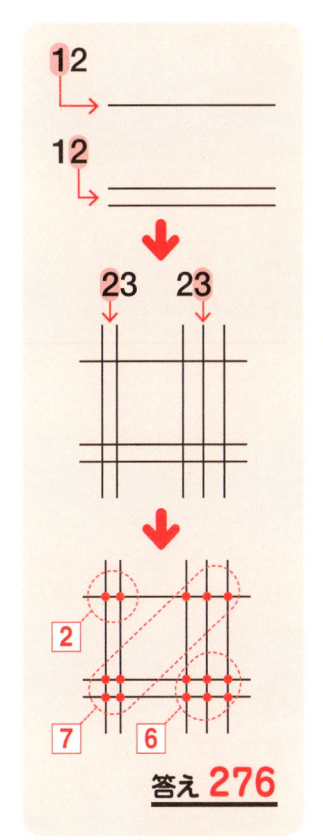

答え **276**

気づいたかな？ どの方法を使っても結局最後は同じたし算になりましたね。実はどの方法も同じ原理なのです。しかもどれもくり上がりを考えなくてすみますね！

かけ算のまとめ

かけ算は面積におきかえたり、マス目やたすきがけで解いたりする方法があります。特別な場合の計算方法も知っていると、解答スピードがアップします。

1 面積におきかえる方法

$21 \times 18 = \boxed{?}$

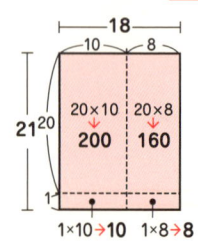

200+160+10+8=**378**

2 マス目を使って解く方法

$78 \times 32 = \boxed{?}$

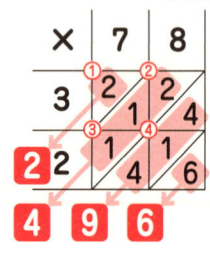

① 7×3
② 8×3
③ 7×2
④ 8×2

2496

3 たすきがけを使って解く方法

$78 \times 32 = \boxed{?}$

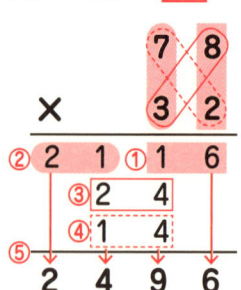

① 8×2
② 7×3
③ 8×3
④ 7×2
⑤ ①〜④をたてにたす

2 4 9 6

上下、ななめにかけるから、たすきがけというんだ。

4 特別な場合の2ケタ計算

1 かけられる数またはかける数が11の場合

27 × 11 = ?

```
 27
2 9 7
 2+7
```

11でないほうの数字の10の位と1の位をたしたものをその数字の間にはさむ。

297

2 かけられる数とかける数が同じ場合

21 × 21 = ?

20 × 20 = 400
① 10の位×10の位
1 × 1 = 1
② 1の位×1の位
(20 × 1) × 2 = 40
③ (10の位×1の位)×2
400 + 1 + 40 = **441**
④ ①〜③をたす

3 かけられる数とかける数のまん中がキリのいい数の場合

22 × 18 = ?

20 × 20 = 400
① まん中の数×まん中の数
2 × 2 = 4
② まん中の数との差×まん中の数との差
400 − 4 = **396**
③ ①−②

4 かけられる数とかける数の10の位が同じ場合

27 × 22 = ?

20 × 20 = 400
① 10の位×10の位
7 × 2 = 14
② 1の位×1の位
(7 + 2) × 20 = 180
③ (1の位+1の位)×10の位
400 + 14 + 180 = **594**
④ ①〜③をたす

5 10の位が同じで、1の位をたして10になる場合

23 × 27 = ?

3 × 7 = 21
① 1の位×1の位
20 × (20 + 10) = 600
② 10の位×(10の位+10)
21 + 600 = **621**
③ ①+②

コラム 2ケタ×2ケタのかけ算 かくれた法則

適当に並べられているような2ケタどうしのかけ算。
実は、そこにはかくれた法則があるのです。
いっしょに考えてみましょう。

×	11	12	13	14	15	16	・・・
11	12 / 1	13 / 2	14 / 3	15 / 4	16 / 5	17 / 6	
九九の答	121	132	143	154	165	176	
12	13 / 2	14 / 4	15 / 6	16 / 8	17 / 10	18 / 12	
九九の答	132	144	156	168	180	192	
13	14 / 3	15 / 6	16 / 9	17 / 12	18 / 15	19 / 18	
九九の答	143	156	169	182	195	208	
・・・							
21	22 / 11	23 / 22	24 / 33	25 / 44	26 / 55	27 / 66	
九九の答	231	252	273	297	315	336	

数字を横に並べて見ていくと法則があることに気づくでしょう。
式にすると難しいですが、こんなふうになっています。

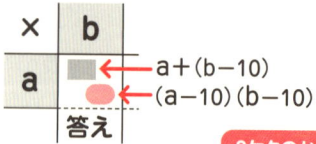

×	b
a	■ ← $a+(b-10)$ ● ← $(a-10)(b-10)$
	答え

2ケタのかけ算はとても
おもしろいですね。

第4章

わり算

わり算はわる数のケタが大きくなるにつれて、商にいくつたてればいいのか悩みます。そんな悩みを解消してくれる特別な筆算方法を紹介します。

わり算のスパイス
わる数のケタ数によって計算法を使いわける！

1 わり算ウォーミングアップ！
基本のかけ算とひき算

わり算のウォーミングアップはなんとかけ算とひき算です。わり算はかけ算とひき算を使って行う計算だからです。

考え方のポイント

なぜわり算なのにかけ算とひき算の練習をするの？

■ **わり算は、かけ算とひき算ができないと答えをだせないから。**

では、実際にわり算をしてみましょう。

$$43 \div 12 = \boxed{?} \text{ あまり } \boxed{?}$$

（わられる数）（わる数）

という問題を筆算にしてみます。

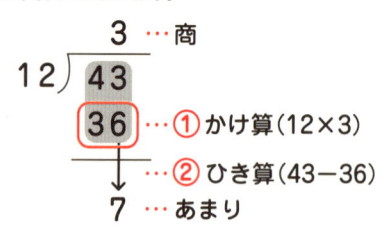

```
        3   …商
    ────────
 12 ) 4 3
      3 6   …① かけ算（12×3）
      ───
        7   …あまり   …② ひき算（43－36）
```

わられる数の43の10の位の4を12ではわれないので、1つ下の位の43÷12を考えると、商に3がたち、2×3＝6で6を1の位に、1×3＝3を10の位に書き入れます。そして、43から36をひいた7があまりということになります。
つまり、わり算はかけ算とひき算を使って商とあまりを計算しているのです。

第4章 ● 基本のかけ算とひき算

練習問題
すぐに答えがでるまで、くり返し練習しましょう。

1 次のかけ算をしましょう。
① 12×2＝　　　② 13×2＝
③ 14×2＝　　　④ 15×2＝
⑤ 16×2＝　　　⑥ 17×2＝
⑦ 18×2＝　　　⑧ 19×2＝
⑨ 25×2＝

2 次のかけ算をしましょう。
① 12×3＝　　　② 13×3＝
③ 14×3＝　　　④ 15×3＝
⑤ 16×3＝　　　⑥ 17×3＝
⑦ 18×3＝　　　⑧ 19×3＝
⑨ 25×3＝

3 次のかけ算をしましょう。
① 11×11＝　　　② 12×12＝
③ 13×13＝　　　④ 14×14＝
⑤ 15×15＝

4 次のひき算をしましょう。

① 10 − 9 =   ② 10 − 8 =

③ 10 − 7 =   ④ 10 − 6 =

⑤ 10 − 5 =   ⑥ 10 − 4 =

⑦ 10 − 3 =   ⑧ 10 − 2 =

⑨ 10 − 1 =

5 次のひき算をしましょう。

① 20 − 9 =   ② 20 − 8 =

③ 20 − 7 =   ④ 20 − 6 =

⑤ 20 − 5 =   ⑥ 20 − 4 =

⑦ 20 − 3 =   ⑧ 20 − 2 =

⑨ 20 − 1 =

6 次のひき算をしましょう。

① 30 − 9 =   ② 30 − 8 =

③ 30 − 7 =   ④ 30 − 6 =

⑤ 30 − 5 =   ⑥ 30 − 4 =

⑦ 30 − 3 =   ⑧ 30 − 2 =

⑨ 30 − 1 =

今日の日づけ　　／　　　　正解数　　／50問

第4章 ● 基本のかけ算とひき算

解 答
すべてできるようにしましょう。

※問題を解くときは、11ページを切り取ってこのページをかくしましょう。

1
① 24　　② 26
③ 28　　④ 30
⑤ 32　　⑥ 34
⑦ 36　　⑧ 38
⑨ 50

2
① 36　　② 39
③ 42　　④ 45
⑤ 48　　⑥ 51
⑦ 54　　⑧ 57
⑨ 75

3
① 121　② 144
③ 169　④ 196
⑤ 225

4
① 1　　② 2
③ 3　　④ 4
⑤ 5　　⑥ 6
⑦ 7　　⑧ 8
⑨ 9

5
① 11　　② 12
③ 13　　④ 14
⑤ 15　　⑥ 16
⑦ 17　　⑧ 18
⑨ 19

6
① 21　　② 22
③ 23　　④ 24
⑤ 25　　⑥ 26
⑦ 27　　⑧ 28
⑨ 29

わり算

2

特別な筆算を使って計算しよう！その1
2ケタ÷1ケタの わり算

2ケタ÷1ケタのわり算は特別な筆算を使って解くと、大きな数のままむずかしい計算をしなくてすみます。

例題

$$34 \div 7 = \boxed{?}$$

わられる数　わる数

解き方

❶ わる数を10−❓にして問題を書きかえる

わる数7を10−3と書きかえる。

$$7 \to 10 - 3$$
$$34 \div (10 - 3) = \boxed{?}$$

❷ 特別な筆算を書く

34÷(10−3)を右のように筆算で書く。

```
        商
10 ) 34
 3
```

商とはわり算の答えをいいます。

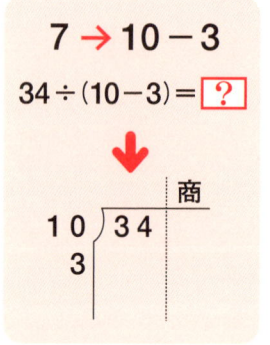

第4章 ● 2ケタ÷1ケタのわり算

❸ わられる数÷10を計算する
わられる数の**34**を**10**でわった答えの**3**を商の欄に書き、あまりを下の欄に書く。

❹ 商と❶で求めたわる数「10－?」の?をかけたものを❸のあまりにたす
商の**3**とわる数**10－3**の**3**をかけた**9**をあまりにたした**13**を書き入れる。

❺ ❹をわる数でわる
❹で求めた**13**を**7**でわり、答えの**1**を商の欄に、あまりを下の欄に書く。

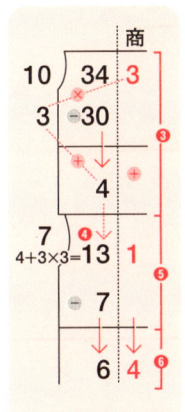

❻ 商の欄の数字をたす
商の欄にある**3**と**1**をたした**4**が答えとなり、あまりは**6**。

答え 4あまり6

考え方のポイント

どうしてわる数を10－?に書きかえるの?
■ わり算をできるだけ小さな数で計算するため。

図のように34のなかに10のまとまりがいくつあるかを考えます。そのなかに7があるので、10のまとまりの個数と同じ数だけ7があることになります(解き方❸)。**34÷10＝3あまり4** ここであまった4と10から7をひいた残りの3が3つぶんあるので、それをかけた9をたします(解き方❹)。**4＋3×3＝13**、さらにこの合計の13のなかに7がいくつあるか計算すればいいわけです(解き方❺)。**13÷7＝1あまり6** つまり、34のなかには7が4つあり、あまりが6ということになります。

練習問題

特別な筆算を使って商とあまりを計算しましょう。

① 24 ÷ 7 =

② 31 ÷ 3 =

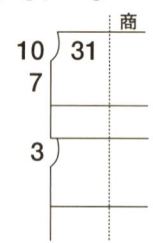

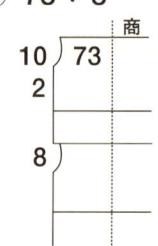

③ 73 ÷ 8 =

④ 42 ÷ 9 =

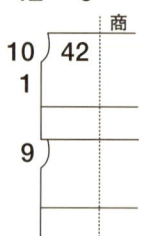

⑤ 81 ÷ 5 =

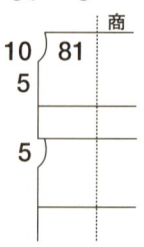

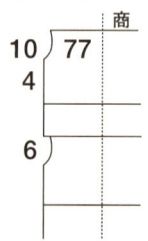

⑥ 77 ÷ 6 =

今日の日づけ　　／

正解数　　／6問

第4章 ● 2ケタ÷1ケタのわり算

解答
解答方法を確認しながら答えあわせをしましょう。

※問題を解くときは、11ページを切り取ってこのページをかくしましょう。

① $24 \div 7 = 3 \cdots 3$

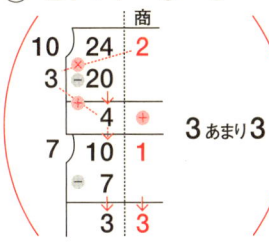

3 あまり 3

② $31 \div 3 = 10 \cdots 1$

10 あまり 1

③ $73 \div 8 = 9 \cdots 1$

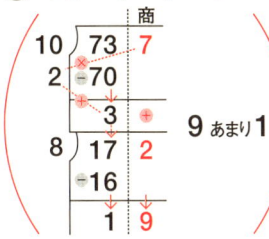

9 あまり 1

④ $42 \div 9 = 4 \cdots 6$

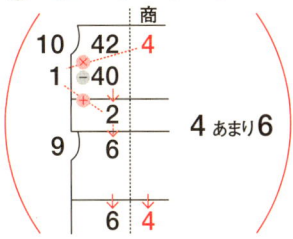

4 あまり 6

⑤ $81 \div 5 = 16 \cdots 1$

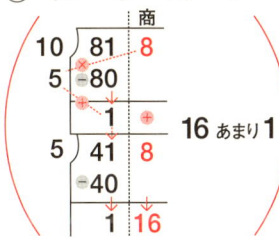

16 あまり 1

⑥ $77 \div 6 = 12 \cdots 5$

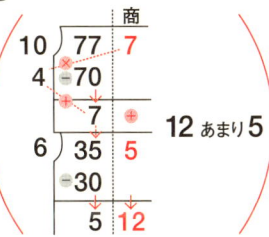

12 あまり 5

わり算

3

特別な筆算を使って計算しよう！ その2
2ケタ÷2ケタの わり算

特別な筆算を使ったわり算は、わる数が2ケタになったときに効果絶大です。たてる商に悩まされずにすみます。

例題

$$78 \div 19 = \boxed{?}$$

わられる数　　わる数

解き方

❶ わる数をキリのいい数字にして問題を書きかえる

わる数の**19**を**20-1**と書きかえる。

$$19 \rightarrow 20-1$$
$$78 \div (20-1) = \boxed{?}$$

❷ 特別な筆算を書く

78÷(20-1) を右のように筆算で書く。

商とはわり算の答えをいいます。

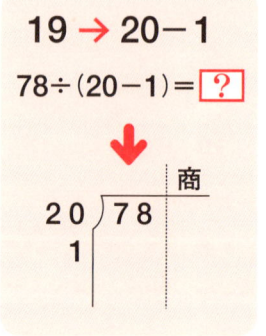

```
        |商
20 )78
 1
```

第4章 ●2ケタ÷2ケタのわり算

❸ わられる数÷わる数のキリのいい数字を計算する

わられる数の**78**をわられる数のキリのいい数字**20**でわった答えの**3**を商の欄に書き、あまりを下の欄に書く。

❹ 商と❶で求めたわる数「キリのいい数字ー ? 」の ? をかけたものを❸のあまりにたす

商の**3**とわる数**20**ー**1**の**1**をかけた**3**をあまりにたした**21**を書き入れる。

❺ ❹をわる数でわる

❹で求めた**21**を**19**でわり、答えの**1**を商の欄に、あまりを下の欄に書く。

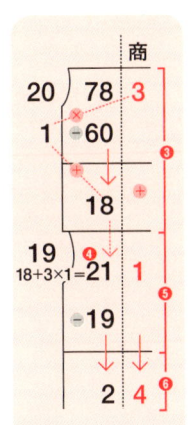

❻ 商の欄の数字をたす

商の欄にある**3**と**1**をたした**4**が答えとなり、あまりは**2**。

```
               商
    ┌─────────
20 │ 78   3
 1 │ 60
        ↓
        18
   ┌─────────
19 │ 21   1
18+3×1=
   │ 19
        ↓
         2   4
```

答え 4 あまり 2

考え方のポイント

かならず特別な筆算を使って解いたほうがいいの？

■ **わる数が1ケタのときは通常の筆算を、わる数が2ケタのときは特別な筆算を使うのがおすすめ。**

わる数が1ケタのときは、順番に計算していけばいいので、通常の筆算でも練習しだいで十分スピードアップができます。ただし、例題のようにわる数が2ケタになると、計算がむずかしくなるので、できるだけ小さな数にしてからわり算をするほうがわかりやすいですね。

練習問題

特別な筆算を使って商とあまりを計算しましょう。

① 53 ÷ 12 =

```
      ┌─── 商
 20 ) 53
   8
 ─────
 12
```

② 47 ÷ 16 =

```
      ┌─── 商
 20 ) 47
   4
 ─────
 16
```

③ 81 ÷ 15 =

```
      ┌─── 商
 20 ) 81
   5
 ─────
 15
```

④ 64 ÷ 29 =

```
      ┌─── 商
 30 ) 64
   1
 ─────
 29
```

⑤ 93 ÷ 33 =

```
      ┌─── 商
 40 ) 93
   7
 ─────
 33
```

⑥ 71 ÷ 24 =

```
      ┌─── 商
 30 ) 71
   6
 ─────
 24
```

| 今日の日づけ | ／ | 正解数 | ／6問 |

第4章 ● 2ケタ÷2ケタのわり算

解答
解答方法を確認しながら答えあわせをしましょう。

※問題を解くときは、11ページを切り取ってこのページをかくしましょう。

① $53 \div 12 = 4 \cdots 5$

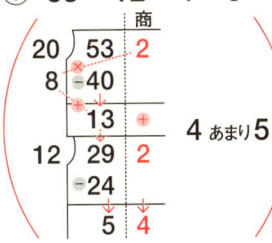

4 あまり 5

② $47 \div 16 = 2 \cdots 15$

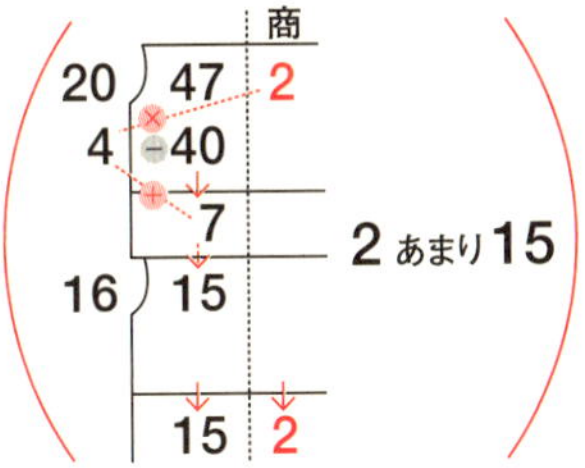

2 あまり 15

③ $81 \div 15 = 5 \cdots 6$

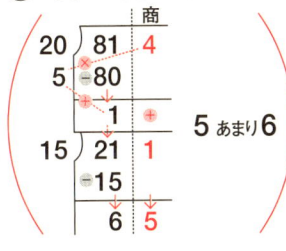

5 あまり 6

④ $64 \div 29 = 2 \cdots 6$

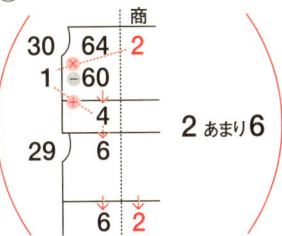

2 あまり 6

⑤ $93 \div 33 = 2 \cdots 27$

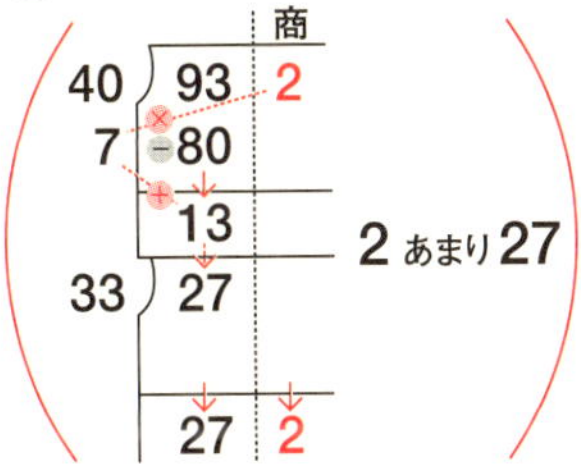

2 あまり 27

⑥ $71 \div 24 = 2 \cdots 23$

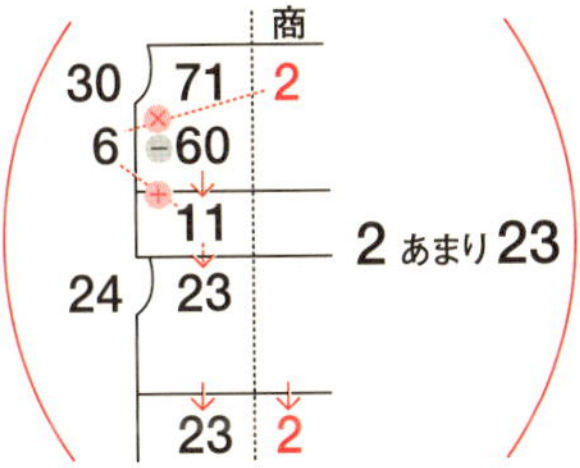

2 あまり 23

わり算

4 通常のわり算でもスピードアップ！
3ケタ÷1ケタのわり算

通常のわり算はかけて、ひいて、おろしての3ステップを1つずつ確実に行えば、正しい答えを求めることができます。

例題

$$731 \div 6 = \boxed{?}$$

わられる数　　わる数

解き方

① 筆算を書く

731÷6を通常の筆算にする。

```
6 ) 7 3 1
```

② 100の位のわり算をする

わられる数の7を6でわり、商に1、あまりに1を書く。

```
      1
6 ) 7 3 1
    6
    ─
    1
```

第4章 ●3ケタ÷1ケタのわり算

❸ 10の位のわり算をする

❷で求めたあまりの**1**の右どなりに**3**をおろして、**13÷6**を計算する。商に**2**、あまりに**1**を書く。

❹ 1の位のわり算をする

❸で求めたあまりの**1**の右どなりに**1**をおろして、**11÷6**を計算する。商に**1**、あまりに**5**を書く。

❺ 商とあまりを答える

❷～❹より、商は**121**、あまりは**5**と答えがでる。

```
      1 2
   ─────────
6 ) 7 3 1
    6 ↓
   ─────
    1 3
    1 2
   ─────
      1
```

⬇

```
      1 2 1
   ─────────
6 ) 7 3 1
    6 ↓
   ─────
    1 3
    1 2 ↓
   ─────
        1 1
          6
       ─────
          5
```

答え 121 あまり 5

わり算

> スムーズに計算できたかな？
> 3ケタ÷1ケタのわり算はほかにもやり方がありますが、通常の計算がシンプルでいちばん！ かけて、ひいて、おろすのくり返しだよ。

練習問題

通常の筆算を使って商とあまりを計算しましょう。

① 624 ÷ 5 =

```
    ┌─────
  5 )6 2 4
```

② 371 ÷ 4 =

```
    ┌─────
  4 )3 7 1
```

③ 423 ÷ 7 =

```
    ┌─────
  7 )4 2 3
```

④ 568 ÷ 9 =

```
    ┌─────
  9 )5 6 8
```

⑤ 318 ÷ 2 =

```
    ┌─────
  2 )3 1 8
```

⑥ 761 ÷ 3 =

```
    ┌─────
  3 )7 6 1
```

わり算

今日の日づけ　　／　　　　正解数　　　／6問

第4章 ● 3ケタ÷1ケタのわり算

解答
解答方法を確認しながら答えあわせをしましょう。

※問題を解くときは、11ページを切り取ってこのページをかくしましょう。

① $624 \div 5 = 124 \cdots 4$

```
      1 2 4
5 ) 6 2 4
    5
    1 2
    1 0
       2 4
       2 0
          4
```

② $371 \div 4 = 92 \cdots 3$

```
       9 2
4 ) 3 7 1
    3 6
       1 1
          8
          3
```

③ $423 \div 7 = 60 \cdots 3$

```
       6 0
7 ) 4 2 3
    4 2
          3
```

④ $568 \div 9 = 63 \cdots 1$

```
       6 3
9 ) 5 6 8
    5 4
       2 8
       2 7
          1
```

⑤ $318 \div 2 = 159$

```
      1 5 9
2 ) 3 1 8
    2
    1 1
    1 0
       1 8
       1 8
          0
```

⑥ $761 \div 3 = 253 \cdots 2$

```
      2 5 3
3 ) 7 6 1
    6
    1 6
    1 5
       1 1
          9
          2
```

わり算

5

特別な筆算を使って計算しよう！ その3
3ケタ÷2ケタのわり算

3ケタ÷2ケタは特別な筆算を使って解くと、商に何をたてたらいいのか迷わずにすみます。

例題

$$331 \div 18 = \boxed{?}$$

わられる数　　わる数

解き方

❶ わる数をキリのいい数字－?にして問題を書きかえる

わる数の18を20−2と書きかえる。

❷ 特別な筆算を書く

331÷(20−2)を右のように筆算で書く。

> わられる数は1の位を少し離して書きます。

$$18 \rightarrow 20 - 2$$
$$331 \div (20-2) = \boxed{?}$$

```
           │商
  2 0 ) 3 3 1
    2
```

第4章 ● 3ケタ÷2ケタのわり算

❸ 2ケタ÷2ケタの計算をする

わられる数の上から2ケタの**33**を**20**でわり、商に**1**を、あまりに**13**を書く。

❹ 商と❶で求めたわる数「キリのいい数ー ? 」の ? をかけたものを❸のあまりにたす

商の**1**とわる数**20**ー**2**の**2**をかけた**2**をあまりにたした**15**を書き入れる。

❺ わられる数の1の位をおろす

❹の右どなりにわられる数の1の位の**1**をおろす。

❻ ❺を❸と同じようにわり算をする

❺で求めた**151**を**20**でわり、商に**7**を、あまりに**11**を書く。

❼ 商と❶で求めたわる数「キリのいい数ー ? 」の ? をかけたものを❻のあまりにたす

商の**7**とわる数**20**ー**2**の**2**をかけた**14**をあまりにたした**25**を書き入れる。

❽ ❼をわる数でわる

❼で求めた**25**を**18**でわり、答えの**1**を商の欄に、あまりを下の欄に書く。

❾ 商の欄の数字をたす

商の欄にある10の位の**1**と1の位の**7**と**1**をたした**18**が答えとなり、あまりは**7**。

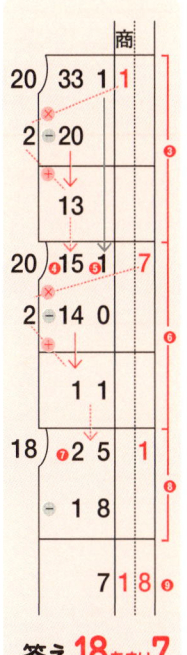

```
            商
       ┌─────────
  20 )  33   1   1
     ⊗ -20
        ↓
        13
  20 ) 15 1   7
     ⊗ -14 0
        ↓
        1 1
  18 )  2 5       1
      -  1 8
         7 1 8
```

答え **18** あまり **7**

商の**7**は、❸で求めた商のひとつ下の位に書きます。注意しましょう。

練習問題

特別な筆算を使って商とあまりを計算しましょう。

① 411 ÷ 13 =

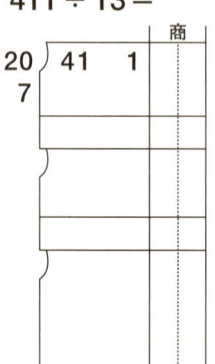

```
      |  商
20 )41  1|
   7     |
```

② 947 ÷ 29 =

```
      |  商
30 )94  7|
   1     |
```

③ 512 ÷ 17 =

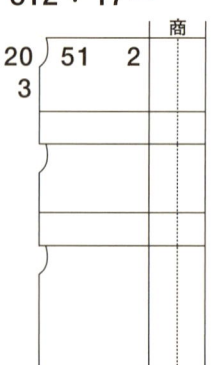

```
      |  商
20 )51  2|
   3     |
```

④ 635 ÷ 21 =

```
      |  商
30 )63  5|
   9     |
```

わり算

今日の日づけ　　／

正解数　　／4問

第4章 ●3ケタ÷2ケタのわり算

解答
解答方法を確認しながら答えあわせをしましょう。

※問題を解くときは、11ページを切り取ってこのページをかくしましょう。

① $411 \div 13 = 31 \cdots 8$

② $947 \div 29 = 32 \cdots 19$

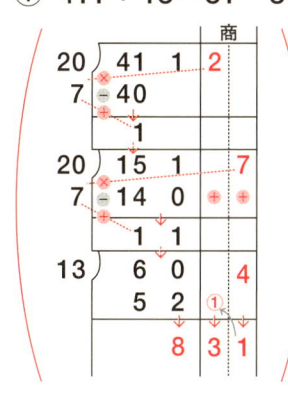

③ $512 \div 17 = 30 \cdots 2$

④ $635 \div 21 = 30 \cdots 5$

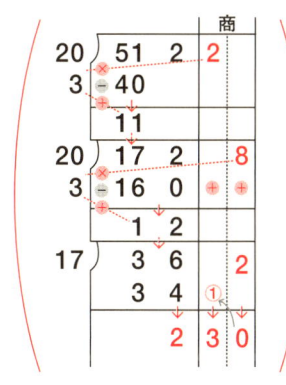

わり算

143

わり算の まとめ

わる数が1ケタのときは、通常の筆算が速くて確実です。しかし、わる数が2ケタになるときは、特別な筆算を利用するほうが便利です。

1 わる数が1ケタの場合【通常の筆算】

71 ÷ 3 = ?

```
      2 3
   ┌─────
 3 ) 7 1
     6
     ─
     1 1
       9
       ─
       2
```
23 あまり 2

> 特別な筆算はわる数を「きりのいい数 − ?」に書きかえて計算する！

2 2ケタ÷2ケタの場合【特別な筆算】

76 ÷ 18 = ?

```
           商
  20 ) 76   3
   2  −60
       ──
       16  +
  18 ) 22   1
      −18
       ──
        4   4
```
4 あまり 4

3 3ケタ÷2ケタの場合【特別な筆算】

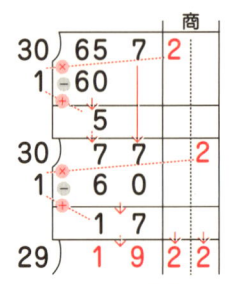

657 ÷ 29 = ?

```
              商
  30 ) 65 7   2
   1  −60
       ──
        5
  30 ) 7 7    2
   1  −6 0
       ───
        1 7
  29 ) 1 9 2  2
```
22 あまり 19

第5章

連立方程式

連立方程式は文字のひとつを消すように式を変形させたり、文字を代入したりと答えを求めるまでの下準備が大変です。そこで、問題を変形させずにすぐに計算がスタートできる方法を紹介します。

連立方程式のスパイス

連立方程式はななめにかけるのがポイント！

まずはおさらい!
基本の連立方程式の解き方

連立方程式とはいくつかの文字を含み、いくつかの異なる式からその文字を求める方程式です。ここでは、xとyの2つの文字の答えを求める方法を紹介します。

例題

$$\begin{cases} x + y = 5 \cdots ① \\ x - y = 1 \cdots ② \end{cases}$$

解き方

❶ ①と②の式をたてに並べる

x+y=5とx-y=1をたてに並べる。

$$\begin{array}{r} x + y = 5 \\ +)\ x - y = 1 \\ \hline \end{array}$$

❷ ①と②の式をたす

x+y=5とx-y=1をたすとyが消えるので、2x=6となる。

$$\begin{array}{r} x + y = 5 \\ +)\ x - y = 1 \\ \hline 2x = 6 \end{array}$$

第5章 ● 基本の連立方程式の解き方

❸ xを求める

❷からxは6を2でわった3と求められる。

❹ xを①の式に代入する

x＝3を①の式に代入する。

❺ yを求める

❹からyは5から3をひいた2と求められる。

$$x = 6 \div 2$$
$$x = 3$$
⬇
$$3 + y = 5$$
⬇
$$y = 5 - 3$$
$$y = 2$$

答え x=3 y=2

考え方のポイント

連立方程式はどこから解いていいのかわかりません。

■ **まずはxかyのどちらかを消すことから始めます。**

例題ではyを消しましたが、xとyのうちどちらか消しやすいほうを消してください。そうすると、消したほう以外の文字の答えを求めることができます。そうしたら、一方の式に代入して、もう片方の文字の答えも求められます。

まずは、この方法で連立方程式を解けるようにしておこう！

連立方程式

練習問題

次の連立方程式からxとyを求めましょう。

① $\begin{cases} x + y = 3 \\ x - y = 1 \end{cases}$ ② $\begin{cases} x + y = 8 \\ x - y = 2 \end{cases}$

③ $\begin{cases} x + y = 5 \\ x - y = 3 \end{cases}$ ④ $\begin{cases} x + y = 10 \\ x - y = 8 \end{cases}$

第5章 ● 基本の連立方程式の解き方

解答
解答方法を確認しながら答えあわせをしましょう。

※問題を解くときは、11ページを切り取ってこのページをかくしましょう。

① $\begin{cases} x + y = 3 \\ x - y = 1 \end{cases}$

$$\begin{array}{r} x + y = 3 \\ +)\ x - y = 1 \\ \hline 2x\ \ \ \ \ = 4 \\ x\ \ \ \ \ = 4 \div 2 \\ x\ \ \ \ \ = 2 \end{array}$$
↓
$2 + y = 3$
$y = 3 - 2$
$y = 1$

$\begin{cases} x = 2 \\ y = 1 \end{cases}$

② $\begin{cases} x + y = 8 \\ x - y = 2 \end{cases}$

$$\begin{array}{r} x + y = 8 \\ +)\ x - y = 2 \\ \hline 2x\ \ \ \ \ = 10 \\ x\ \ \ \ \ = 10 \div 2 \\ x\ \ \ \ \ = 5 \end{array}$$
↓
$5 + y = 8$
$y = 8 - 5$
$y = 3$

$\begin{cases} x = 5 \\ y = 3 \end{cases}$

③ $\begin{cases} x + y = 5 \\ x - y = 3 \end{cases}$

$$\begin{array}{r} x + y = 5 \\ +)\ x - y = 3 \\ \hline 2x\ \ \ \ \ = 8 \\ x\ \ \ \ \ = 8 \div 2 \\ x\ \ \ \ \ = 4 \end{array}$$
↓
$4 + y = 5$
$y = 5 - 4$
$y = 1$

$\begin{cases} x = 4 \\ y = 1 \end{cases}$

④ $\begin{cases} x + y = 10 \\ x - y = 8 \end{cases}$

$$\begin{array}{r} x + y = 10 \\ +)\ x - y = 8 \\ \hline 2x\ \ \ \ \ = 18 \\ x\ \ \ \ \ = 18 \div 2 \\ x\ \ \ \ \ = 9 \end{array}$$
↓
$9 + y = 10$
$y = 10 - 9$
$y = 1$

$\begin{cases} x = 9 \\ y = 1 \end{cases}$

連立方程式

解答スピード3倍アップ！
連立方程式の解をたすきがけで求める

どちらかの文字を消去したり、代入したりしながら答えを求める連立方程式の答えを、いっぺんにだせるのがたすきがけによる求め方です。

例題

$$\begin{cases} 2x + y = 5 \cdots ① \\ x + 2y = 4 \cdots ② \end{cases}$$

解き方

❶ xとyの数字だけを取りだしてたすきがけをする

$2x+y$ と $x+2y$ の数字を取りだしてななめにかける。

x、yの頭に数字がついていないときは、1になります。

$$\begin{cases} 2x + 1y = 5 \\ 1x + 2y = 4 \end{cases}$$

$$\begin{matrix} 2 & & 1 \\ & ①② & \\ 1 & \times & 2 \end{matrix}$$

① $2 \times 2 = 4$
② $1 \times 1 = 1$

第5章 ●連立方程式の解をたすきがけで求める

❷ ①－②を計算する

①で計算した**4**から②で計算した**1**をひく。

> これが分母になります。

❸ 2つの方程式のyの項を後ろに持っていく

$2x+y=5$と$x+2y=4$のyの項を後ろに持っていく。

❹ ❸の数字だけ取りだす

❸からxとyの文字を除いた数字だけ取りだす。

❺ ルールに従ってxとyを計算する

```
ルール
```

$$a \underset{①②}{\times} b \underset{③④}{\times} c$$
$$d \quad e \quad f$$

$$y = \frac{\overset{①}{a \times e} - \overset{②}{d \times b}}{\text{❷で求めた答え}}$$

$$x = \frac{\overset{③}{f \times b} - \overset{④}{c \times e}}{\text{❷で求めた答え}}$$

この方法は「クラメールの公式」とよばれている計算方法の応用です。

$4 - 1 = \underset{分母}{3}$

⬇

$2x + 1y = 5$
$1x + 2y = 4$

$2x \quad 5 \quad 1y$
$1x \quad 4 \quad 2y$

⬇

$2 \quad 5 \quad 1$
$1 \quad 4 \quad 2$

⬇

$2 \underset{①②}{\times} 5 \underset{③④}{\times} 1$
$1 \quad 4 \quad 2$

$y = \frac{\overset{①}{2 \times 4} - \overset{②}{1 \times 5}}{3}$

$= \frac{8-5}{3} = \frac{3}{3} = 1$

$x = \frac{\overset{③}{2 \times 5} - \overset{④}{1 \times 4}}{3}$

$= \frac{10-4}{3} = \frac{6}{3} = 2$

答え x=2 y=1

連立方程式

練習問題

次の連立方程式からxとyを求めましょう。

① $\begin{cases} 2x + y = 5 \\ x + y = 4 \end{cases}$

② $\begin{cases} 3x + y = 10 \\ x + 2y = 10 \end{cases}$

第5章 ● 連立方程式の解をたすきがけで求める

解 答
解答方法を確認しながら答えあわせをしましょう。

※問題を解くときは、11ページを切り取ってこのページをかくしましょう。

① $\begin{cases} 2x + y = 5 \\ x + y = 4 \end{cases}$

分母
$\begin{matrix} 2 & & 1 \\ 1 & & 1 \end{matrix}$

① $2 \times 1 = 2$
② $1 \times 1 = 1$
①−② $2 - 1 = 1$
　　　　　　分母

$2x + y = 5$
$x + y = 4$

yを後ろに移動させ、数字だけにする

$\begin{bmatrix} 2 & 5 & 1 \\ 1 & 4 & 1 \end{bmatrix}$

分子
$y \Longleftarrow \begin{matrix} 2 & & 5 & & 1 \\ 1 & & 4 & & 1 \end{matrix} \Longrightarrow x$

$y = \dfrac{2 \times 4 - 1 \times 5}{1}$
$= \dfrac{8 - 5}{1} = 3$

$x = \dfrac{1 \times 5 - 1 \times 4}{1}$
$= \dfrac{5 - 4}{1} = 1$

$\begin{cases} x = 1 \\ y = 3 \end{cases}$

② $\begin{cases} 3x + y = 10 \\ x + 2y = 10 \end{cases}$

分母
$\begin{matrix} 3 & & 1 \\ 1 & & 2 \end{matrix}$

① $3 \times 2 = 6$
② $1 \times 1 = 1$
①−② $6 - 1 = 5$
　　　　　　分母

$3x + y = 10$
$x + 2y = 10$

yを後ろに移動させ、数字だけにする

$\begin{bmatrix} 3 & 10 & 1 \\ 1 & 10 & 2 \end{bmatrix}$

分子
$y \Longleftarrow \begin{matrix} 3 & & 10 & & 1 \\ 1 & & 10 & & 2 \end{matrix} \Longrightarrow x$

$y = \dfrac{3 \times 10 - 1 \times 10}{5}$
$= \dfrac{30 - 10}{5} = \dfrac{20}{5} = 4$

$x = \dfrac{2 \times 10 - 1 \times 10}{5}$
$= \dfrac{20 - 10}{5} = \dfrac{10}{5} = 2$

$\begin{cases} x = 2 \\ y = 4 \end{cases}$

連立方程式

連立方程式のまとめ

連立方程式には加減法や代入法といわれる代表的な解き方があります。しかし、たすきがけのルールを覚えると、2つの答えをいっぺんに求めることができます。

問題

$$\begin{cases} 2x + 3y = 13 \\ x + 5y = 17 \end{cases}$$

連立方程式はたすきがけが便利だね。

ルール1 xとyの数字だけ取りだしてたすきがけをする
そして、その答えをひく(=分母を求める)

$$\begin{cases} 2x + 3y = 13 \\ 1x + 5y = 17 \end{cases}$$

```
2   3
 ①②
1   5
```

① 2 × 5 = 10
② 1 × 3 = 3
①−② 10 − 3 = 7 ← これが分母となる

ルール2 yの項を後ろに持っていき、数字をとりだす
たすきがけを利用して、xとyを求める

$$\begin{cases} 2x + 3y = 13 \\ 1x + 5y = 17 \end{cases}$$

yを後ろへ、数字だけにする

```
   2   13   3
y⇐ ①② ③④ ⇒x
   1   17   5
```

$$y = \frac{\overset{①}{2 \times 17} - \overset{②}{1 \times 13}}{7}$$
$$= \frac{34-13}{7} = \frac{21}{7} = 3$$

$$x = \frac{\overset{③}{5 \times 13} - \overset{④}{3 \times 17}}{7}$$
$$= \frac{65-51}{7} = \frac{14}{7} = 2$$

x = 2   y = 3

第6章

計算テスト

これまでにたし算、ひき算、かけ算、わり算、連立方程式を学習してきました。きちんと身についているか実力だめしをしてみましょう。何度もくりかえし練習して、計算マスターになりましょう！

計算テストのスパイス

じっくり・コツコツ・くり返しが大切！

計算テスト① たし算　問題

めやす時間 1問 **8**秒

1 位の大きいほうから順に計算しましょう。
(各10点×6)

① 27＋18＝

② 43＋52＝

③ 67＋14＝

④ 39＋48＝

⑤ 632＋41＝

⑥ 576＋157＝

第6章 ●計算テスト❶ たし算

2 マス目を利用して計算しましょう。
(各10点×4)

① 17＋21＝

② 73＋81＝

③ 534＋632＝

④ 3561＋2845＝

日づけ	1	2	合計
/	/60点	/40点	/100点

計算テスト ① た し 算　　解答&解説

1 位の大きいほうから順に計算しましょう。
（各10点×6）

① 27＋18＝45
計算のやり方▶たし算3
20＋10＝30
7＋8＝15
30＋15＝45

② 43＋52＝95
計算のやり方▶たし算3
40＋50＝90
3＋2＝5
90＋5＝95

③ 67＋14＝81
計算のやり方▶たし算3
60＋10＝70
7＋4＝11
70＋11＝81

④ 39＋48＝87
計算のやり方▶たし算3
30＋40＝70
9＋8＝17
70＋17＝87

⑤ 632＋41＝673
計算のやり方▶たし算4
```
   6 3 2
+    4 1
─────────
   6
     7
       3
─────────
   6 7 3
```

⑥ 576＋157＝733
計算のやり方▶たし算4
```
   5 7 6
+  1 5 7
─────────
   6
   1 2
     1 3
─────────
   7 3 3
```

第6章 ●計算テスト❶ たし算

2 マス目を利用して計算しましょう。
（各10点×4）

① 17＋21＝38
計算のやり方▶たし算5

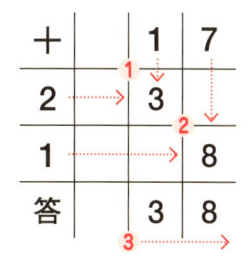

＋	1	7
2	3	
1		8
答	3	8

② 73＋81＝154
計算のやり方▶たし算5

＋	7	3
8	1	5
1		4
答	1	5	4

③ 534＋632＝1166
計算のやり方▶たし算6

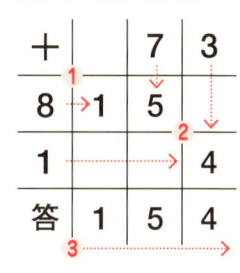

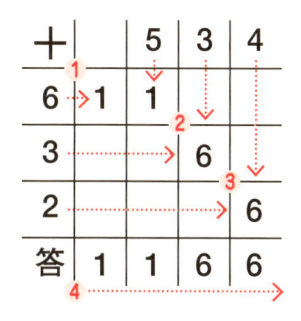

＋	5	3	4
6	1	1	
3		6	
2			6
答	1	1	6	6

④ 3561＋2845＝6406
計算のやり方▶たし算7

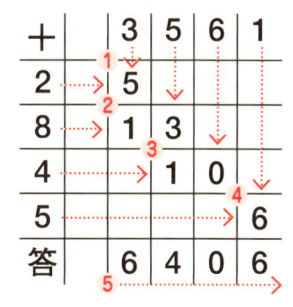

＋	3	5	6	1
2	5			
8	1	3		
4		1	0	
5				6
答	6	4	0	6

計算テスト❷ ひき算　　　　　　問題

めやす時間　1問 **12**秒

1 大きな位からひく方法で計算しましょう。
（各10点×6）

① 84 − 57 =　　　② 73 − 29 =

③ 41 − 18 =　　　④ 67 − 39 =

⑤ 53 − 19 =　　　⑥ 88 − 49 =

2 大きな位からひく方法で計算しましょう。
(各10点×4)

① $413 - 29 =$ ② $161 - 38 =$

③ $532 - 78 =$ ④ $631 - 42 =$

計算テスト❷ ひき算　解答&解説

1 大きな位からひく方法で計算しましょう。

(各10点×6)

① 84 − 57 = 27

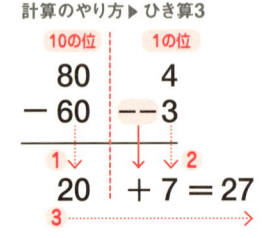

計算のやり方 ▶ ひき算3

10の位	1の位
80	4
− 60	− 3
20	+ 7 = 27

② 73 − 29 = 44

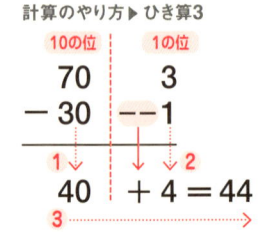

計算のやり方 ▶ ひき算3

10の位	1の位
70	3
− 30	− 1
40	+ 4 = 44

③ 41 − 18 = 23

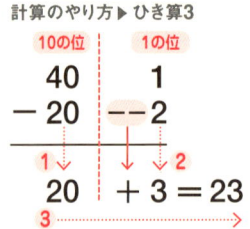

計算のやり方 ▶ ひき算3

10の位	1の位
40	1
− 20	− 2
20	+ 3 = 23

④ 67 − 39 = 28

計算のやり方 ▶ ひき算3

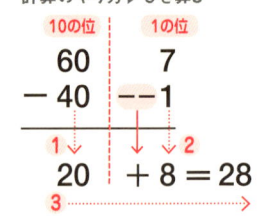

10の位	1の位
60	7
− 40	− 1
20	+ 8 = 28

⑤ 53 − 19 = 34

計算のやり方 ▶ ひき算3

10の位	1の位
50	3
− 20	− 1
30	+ 4 = 34

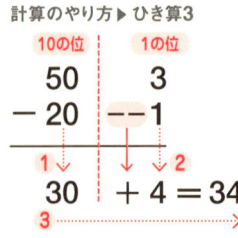

⑥ 88 − 49 = 39

計算のやり方 ▶ ひき算3

10の位	1の位
80	8
− 50	− 1
30	+ 9 = 39

第6章 ● 計算テスト❷ ひき算

2 大きな位からひく方法で計算しましょう。
(各10点×4)

① 413 − 29 = 384
計算のやり方 ▶ ひき算4

```
  400    13
−  30  −  1
─────  ─────
  370 + 14 = 384
```

② 161 − 38 = 123
計算のやり方 ▶ ひき算4

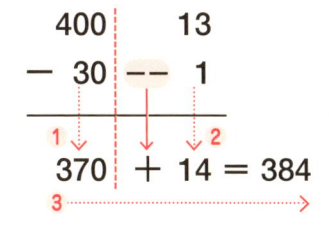

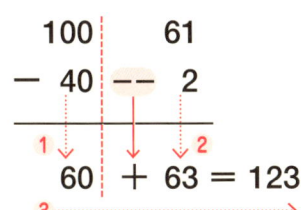

```
  100    61
−  40  −  2
─────  ─────
   60 + 63 = 123
```

③ 532 − 78 = 454
計算のやり方 ▶ ひき算4

```
  500    32
−  80  −  2
─────  ─────
  420 + 34 = 454
```

④ 631 − 42 = 589
計算のやり方 ▶ ひき算4

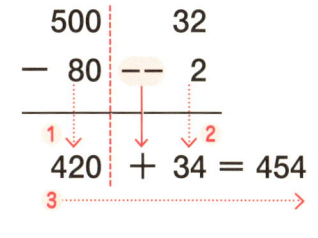

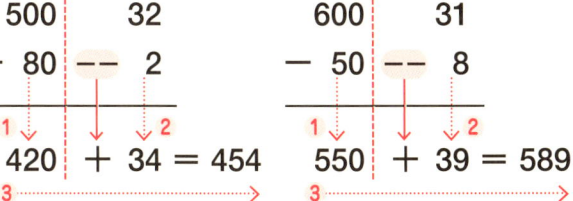

```
  600    31
−  50  −  8
─────  ─────
  550 + 39 = 589
```

計算テスト❸ かけ算　　問題

めやす時間 1問 12秒

1 マス目を利用して次の計算をしましょう。
（各10点×2）

① 61 × 53 ＝　　② 43 × 78 ＝

2 たすきがけで次の計算をしましょう。
（各10点×2）

① 58 × 13 ＝　　② 35 × 51 ＝

第6章 ● 計算テスト ❸ かけ算

3 次の問題の計算をくふうして解きましょう。
(各12点×5)

① 41×11＝

② 32×32＝

③ 17×23＝

④ 37×34＝

⑤ 46×44＝

計算テスト❸ かけ算　解答&解説

1 マス目を利用して次の計算をしましょう。
(各10点×2)

① 61×53=3233
計算のやり方▶かけ算3

② 43×78=3354
計算のやり方▶かけ算3

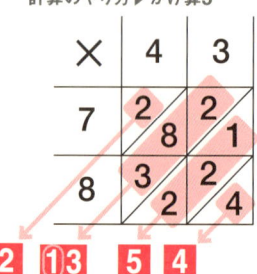

2 たすきがけで次の計算をしましょう。
(各10点×2)

① 58×13=754
計算のやり方▶かけ算6

② 35×51=1785
計算のやり方▶かけ算6

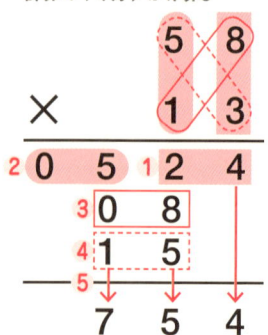

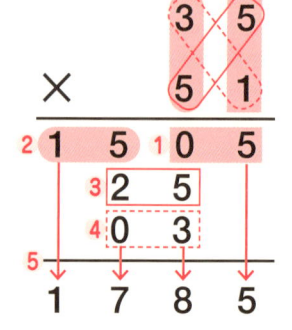

第6章 ●計算テスト ❸ かけ算

3 次の問題の計算をくふうして解きましょう。
(各12点×5)

① 41×11＝451
計算のやり方▶かけ算8

4 [5] 1
 ↑
 4＋1

② 32×32＝1024
計算のやり方▶かけ算9

30 × 30 ＝ 900
 2 × 2 ＝ 4
(30×2)×2＝120
900＋4＋120＝1024

③ 17×23＝391
計算のやり方▶かけ算10

20 × 20 ＝ 400
 3 × 3 ＝ 9
400 － 9 ＝ 391

④ 37×34＝1258
計算のやり方▶かけ算11

30 × 30 ＝ 900
 7 × 4 ＝ 28
(7＋4)×30＝330
900＋28＋330＝1258

⑤ 46×44＝2024
計算のやり方▶かけ算12

 6 × 4 ＝ 24
40 ×(40＋10)＝2000
24 ＋ 2000 ＝ 2024

計算テスト❹ わり算　　　　　　　　問題

めやす時間 1問 15秒

1 通常の筆算を使って商とあまりを計算しましょう。
(各10点×6)

① $57 \div 4 =$

② $63 \div 8 =$

③ $321 \div 5 =$

④ $625 \div 7 =$

⑤ $892 \div 4 =$

⑥ $497 \div 8 =$

第6章 ● 計算テスト❹ わり算

2 特別な筆算を使って商とあまりを計算しましょう。
（各10点×4）

① $53 \div 12 =$

② $68 \div 19 =$

③ $84 \div 17 =$

④ $92 \div 38 =$

計算テスト❹ わり算　解答&解説

1 通常の筆算を使って商とあまりを計算しましょう。
（各10点×6）

① $57 \div 4 = 14$ あまり **1**

計算のやり方 ▶ わり算1

```
    1 4
4 ) 5 7
    4
    1 7
    1 6
        1
```

② $63 \div 8 = 7$ あまり **7**

計算のやり方 ▶ わり算1

```
      7
8 ) 6 3
    5 6
        7
```

③ $321 \div 5 = 64$ あまり **1**

計算のやり方 ▶ わり算4

```
      6 4
5 ) 3 2 1
    3 0
      2 1
      2 0
          1
```

④ $625 \div 7 = 89$ あまり **2**

計算のやり方 ▶ わり算4

```
      8 9
7 ) 6 2 5
    5 6
      6 5
      6 3
          2
```

⑤ $892 \div 4 = 223$

計算のやり方 ▶ わり算4

```
      2 2 3
4 ) 8 9 2
    8
      9
      8
        1 2
        1 2
            0
```

⑥ $497 \div 8 = 62$ あまり **1**

計算のやり方 ▶ わり算4

```
      6 2
8 ) 4 9 7
    4 8
      1 7
      1 6
          1
```

第6章 ● 計算テスト❹ わり算

2 特別な筆算を使って商とあまりを計算しましょう。
(各10点×4)

① $53 \div 12 = 4$ あまり 5
計算のやり方 ▶ わり算3

```
       商
20 ) 53   2
  × 
 8 - 40
       ↓
      13   +
12 ) 29   2
   - 24
       ↓
        5   4
```

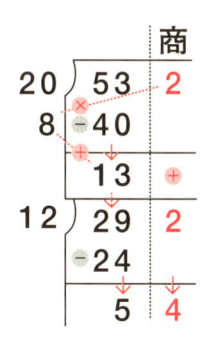

② $68 \div 19 = 3$ あまり 11
計算のやり方 ▶ わり算3

```
       商
20 ) 68   3
  ×
 1 - 60
       ↓
        8
19 ) 11   3
```

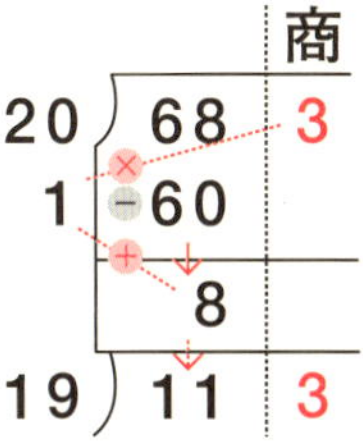

③ $84 \div 17 = 4$ あまり 16
計算のやり方 ▶ わり算3

```
       商
20 ) 84   4
  ×
 3 - 80
       ↓
        4
17 ) 16   4
```

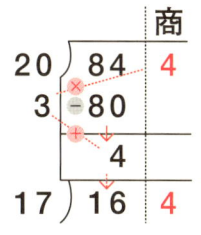

④ $92 \div 38 = 2$ あまり 16
計算のやり方 ▶ わり算3

```
       商
40 ) 92   2
  ×
 2 - 80
       ↓
       12
38 ) 16   2
```

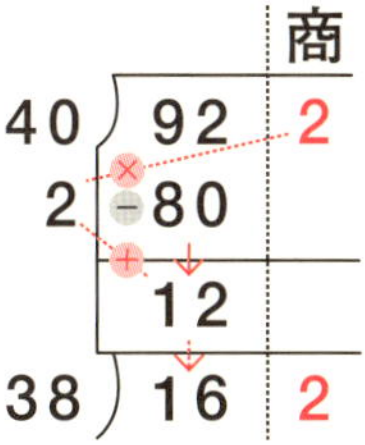

計算テスト⑤ 連立方程式　問題

めやす時間 ⏱ **1**分

次の連立方程式を □ に数字をあてはめて解きましょう。
（完全解答で各10点×10）

$$\begin{cases} 3x + 2y = 7 \\ x + y = 3 \end{cases}$$

① $\begin{cases} 3x + 2y = 7 \\ \boxed{}x + \boxed{}y = 3 \end{cases}$

② ⬚内の文字の前にある数字を取りだします。

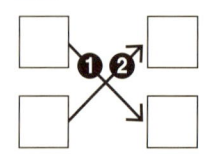

□　　　□
　❶❷
□　　　□

③ それぞれななめにかけて❶から❷をひきます。

❶ □ × □ − ❷ □ × □ = □

④ ①の式でyの項の位置を後ろにします。

□ x 　　　□ 　　　□ y

□ x 　　　□ 　　　□ y

第6章 ●計算テスト❺ 連立方程式

⑤ ④から文字の前にある数字を取りだします。

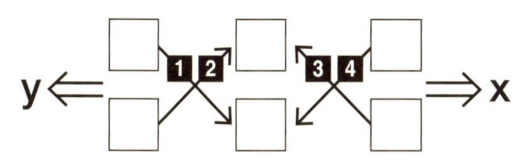

y ⇐ □ **1**✗**2** □　□ **3**✗**4** □ ⇒ x
　　□　　　□　□　　　□

⑥ $y = \dfrac{\boxed{\mathbf{1}}\ \Box \times \Box - \boxed{\mathbf{2}}\ \Box \times \Box}{\Box}$

⑦ $y = \Box$

⑧ $x = \dfrac{\boxed{\mathbf{3}}\ \Box \times \Box - \boxed{\mathbf{4}}\ \Box \times \Box}{\Box}$

⑨ $x = \Box$

⑩ $\begin{cases} x = \Box \\ y = \Box \end{cases}$

日づけ	合計
／	／100点

計算テスト⑤ 連立方程式 解答&解説

次の連立方程式を□に数字をあてはめて解きましょう。
（完全解答で各10点×10）

$$\begin{cases} 3x + 2y = 7 \\ x + y = 3 \end{cases}$$

計算のやり方 ▶ 連立方程式2

① $\begin{cases} 3x + 2y = 7 \\ \boxed{1}x + \boxed{1}y = 3 \end{cases}$

② □内の文字の前にある数字を取りだします。

$\boxed{3}$ ❶❷ $\boxed{2}$
$\boxed{1}$ ✕ $\boxed{1}$

③ それぞれななめにかけて❶から❷をひきます。

❶ $\boxed{3} \times \boxed{1} - ❷ \boxed{1} \times \boxed{2} = \boxed{1}$

④ ①の式でyの項の位置を後ろにします。

$\boxed{3}$x　$\boxed{7}$　$\boxed{2}$y
$\boxed{1}$x　$\boxed{3}$　$\boxed{1}$y

第6章 ●計算テスト❺ 連立方程式

⑤ ④から文字の前にある数字を取りだします。

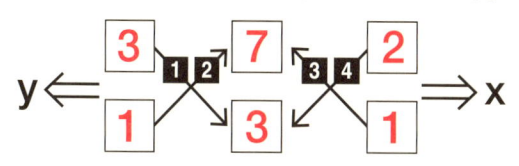

$$y \Longleftarrow \begin{array}{cc} \boxed{3} & \boxed{7} \\ \boxed{1} & \boxed{3} \end{array} \stackrel{\boxed{1}\boxed{2}}{\underset{}{\times}} \begin{array}{cc} \boxed{2} \\ \boxed{1} \end{array} \stackrel{\boxed{3}\boxed{4}}{\underset{}{\times}} \Longrightarrow x$$

⑥ $y = \dfrac{\boxed{\blacksquare 3} \times \boxed{3} - \boxed{\blacksquare 1} \times \boxed{7}}{\boxed{1}}$ ← ③で求めた答え

⑦ $y = \boxed{2}$

⑧ $x = \dfrac{\boxed{\blacksquare 1} \times \boxed{7} - \boxed{\blacksquare 2} \times \boxed{3}}{\boxed{1}}$ ← ③で求めた答え

⑨ $x = \boxed{1}$

⑩ $\begin{cases} x = \boxed{1} \\ y = \boxed{2} \end{cases}$

計算テスト⑥ 総合問題 1 問題

めやす時間　1 1問 10秒　2 1問 12秒

1 位の大きなほうから順に計算しましょう。

(各10点×6)

① 　　317
　＋　　68
―――――

② 　　469
　＋　　73
―――――

③ 　　382
　＋　　95
―――――

④ 　　963
　＋　　37
―――――

⑤ 　　589
　＋　389
―――――

⑥ 　　628
　＋　145
―――――

第6章 ●計算テスト❺ 総合問題1

2 大きな位からひく方法で計算しましょう。
(各8点×5)

① $37 - 18 =$　　② $46 - 29 =$

③ $58 - 17 =$　　④ $73 - 16 =$

⑤ $531 - 43 =$

計算テスト⑥ 総合問題1 解答&解説

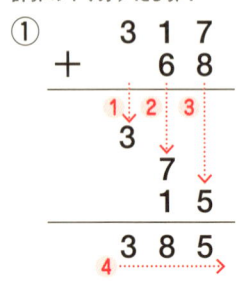

1 位の大きなほうから順に計算しましょう。
(各10点×6)

計算のやり方 ▶ たし算4

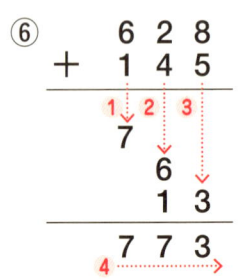

① 　　3 1 7
　＋　　 6 8
　　―――――
　　3
　　　 7
　　　 1 5
　　―――――
　　3 8 5

② 　　4 6 9
　＋　　 7 3
　　―――――
　　4
　　1 3
　　　 1 2
　　―――――
　　5 4 2

③ 　　3 8 2
　＋　　 9 5
　　―――――
　　3
　　1 7
　　　　 7
　　―――――
　　4 7 7

④ 　　9 6 3
　＋　　 3 7
　　―――――
　　9
　　　9
　　　 1 0
　　―――――
　1 0 0 0

⑤ 　　5 8 9
　＋　3 8 9
　　―――――
　　8
　　1 6
　　　 1 8
　　―――――
　　9 7 8

⑥ 　　6 2 8
　＋　1 4 5
　　―――――
　　7
　　　6
　　　 1 3
　　―――――
　　7 7 3

第6章 ●計算テスト❺ 総合問題1

2 大きな位からひく方法で計算しましょう。
(各8点×5)

① 37－18＝19
計算のやり方▶ひき算3

```
   30       7
 － 20  ━━  2
 ─────────────
  1↓      ↓ 2
   10  ＋  9 ＝ 19
      3
```

② 46－29＝17
計算のやり方▶ひき算3

```
   40       6
 － 30  ━━  1
 ─────────────
  1↓      ↓ 2
   10  ＋  7 ＝ 17
      3
```

③ 58－17＝41
計算のやり方▶ひき算3

```
   50       8
 － 20  ━━  3
 ─────────────
  1↓      ↓ 2
   30  ＋ 11 ＝ 41
      3
```

④ 73－16＝57
計算のやり方▶ひき算3

```
   70       3
 － 20  ━━  4
 ─────────────
  1↓      ↓ 2
   50  ＋  7 ＝ 57
      3
```

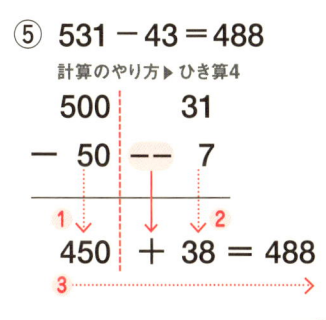

⑤ 531－43＝488
計算のやり方▶ひき算4

```
  500       31
 －  50  ━━  7
 ─────────────
  1↓      ↓ 2
  450  ＋ 38 ＝ 488
      3
```

計算テスト❼ 総合問題 2　　問題

めやす時間　1 1問 12秒　2 1問 15秒

1 たすきがけで次の計算をしましょう。
（各10点×6）

① 53 × 12 =

② 36 × 78 =

③ 48 × 27 =

④ 69 × 31 =

⑤ 35 × 75 =

⑥ 48 × 79 =

2 特別な筆算を使って商とあまりを計算しましょう。
(各8点×5)

① $93 \div 17 =$　　② $78 \div 23 =$

③ $84 \div 15 =$　　④ $63 \div 18 =$

⑤ $59 \div 21 =$

計算テスト❼ 総合問題2 解答&解説

1 たすきがけで次の計算をしましょう。
(各10点×6)

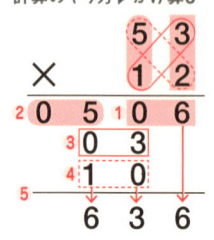

① 53×12＝636

② 36×78＝2808

③ 48×27＝1296

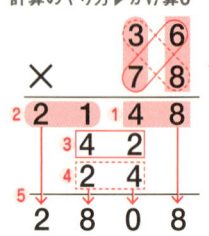

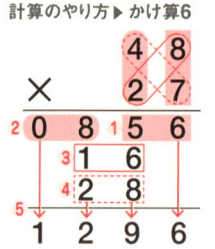

④ 69×31＝2139

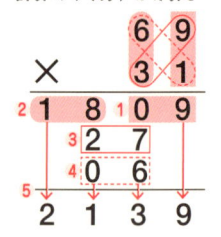

⑤ 35×75＝2625

⑥ 48×79＝3792

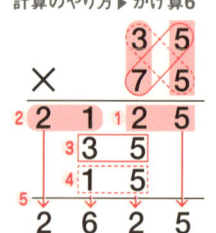

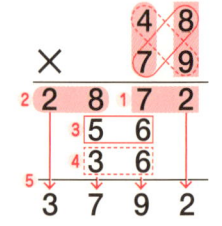

第6章 ●計算テスト❼ 総合問題2

2 特別な筆算を使って商とあまりを計算しましょう。
(各8点×5)

① $93 \div 17 = 5$ あまり 8

計算のやり方 ▶ わり算3

```
        商
  20 ) 93   4
   3 × 80
      ─────
       13   ⊕
  17 ) 25   1
      -17
      ─────
        8   5
```

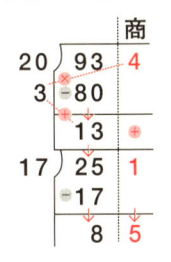

② $78 \div 23 = 3$ あまり 9

計算のやり方 ▶ わり算3

```
        商
  30 ) 78   2
   7 × 60
      ─────
       18   ⊕
  23 ) 32   1
      -23
      ─────
        9   3
```

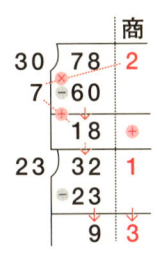

③ $84 \div 15 = 5$ あまり 9

計算のやり方 ▶ わり算3

```
        商
  20 ) 84   4
   5 × 80
      ─────
        4   ⊕
  15 ) 24   1
      -15
      ─────
        9   5
```

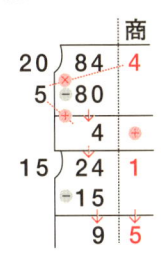

④ $63 \div 18 = 3$ あまり 9

計算のやり方 ▶ わり算3

```
        商
  20 ) 63   3
   2 × 60
      ─────
        3
  18 )  9   3
```

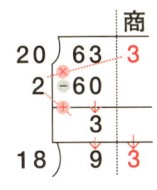

⑤ $59 \div 21 = 2$ あまり 17

計算のやり方 ▶ わり算3

```
        商
  30 ) 59   1
   9 × 30
      ─────
       29   ⊕
  21 ) 38   1
      -21
      ─────
       17   2
```

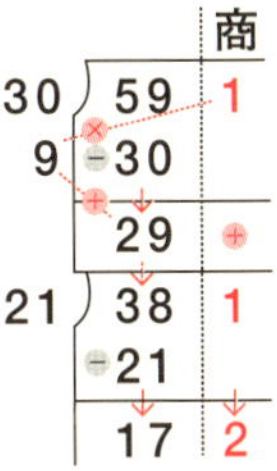

計算テスト⑧ 総合問題3 問題

めやす時間 1 2 1問 10秒 3 4 1問 15秒

1 次のたし算をしましょう。
(各10点×2)

① 418 ＋ 43 ＝   ② 365 ＋ 78 ＝

2 次のひき算をしましょう。
(各10点×2)

① 235 － 37 ＝   ② 611 － 98 ＝

3 次のかけ算をしましょう。
(各10点×4)

① 18 × 11 ＝   ② 24 × 26 ＝

③ 67 × 78 =   ④ 19 × 19 =

4 特別な筆算を使って商とあまりを計算しましょう。
(各10点×2)

① 97 ÷ 16 =   ② 84 ÷ 18 =

計算テスト⑧ 総合問題3 解答&解説

1 次のたし算をしましょう。
(各10点×2)

① $418 + 43 = 461$

計算のやり方 ▶ たし算4

```
    4 1 8
+     4 3
─────────
    4
      5
    1 1
    4 6 1
```

② $365 + 78 = 443$

計算のやり方 ▶ たし算4

```
    3 6 5
+     7 8
─────────
    3
    1 3
    1 3
    4 4 3
```

2 次のひき算をしましょう。
(各10点×2)

① $235 - 37 = 198$

計算のやり方 ▶ ひき算4

```
  200     35
-  40   -  3
────────────
  160 + 38 = 198
```

② $611 - 98 = 513$

計算のやり方 ▶ ひき算4

```
  600     11
- 100   -  2
────────────
  500 + 13 = 513
```

3 次のかけ算をしましょう。
(各10点×4)

① $18 × 11 = 198$

計算のやり方 ▶ かけ算8

```
  1 9 8
    ↑
   8+1
```

② $24 × 26 = 624$

計算のやり方 ▶ かけ算12

$4 × 6 = 24$
$20 × (20 + 10) = 600$
$24 + 600 = 624$

第6章 ● 計算テスト❽ 総合問題3

③ 67×78＝5226
計算のやり方 ▶ かけ算6

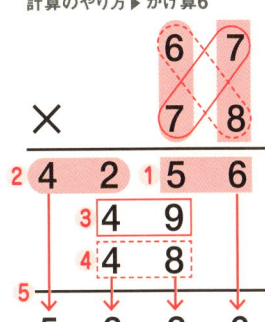

```
      6 7
  ×   7 8
  ² 4 2 ¹5 6
    ³ 4 9
    ⁴ 4 8
  ⁵
  5 2 2 6
```

④ 19×19＝361
計算のやり方 ▶ かけ算9

10×10＝100
9 × 9 ＝ 81
(10×9)×2 ＝180
100＋81＋180＝361

4 特別な筆算を使って商とあまりを計算しましょう。
(各10点×2)

① 97÷16＝6 あまり 1
計算のやり方 ▶ わり算3

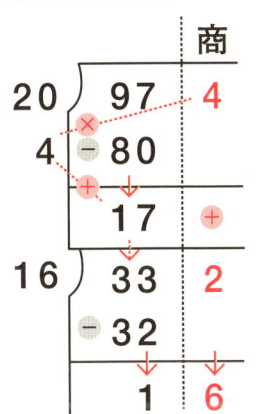

```
              商
    20 ) 97    4
    4  - 80
         17   +
    16 ) 33    2
       -  32
           1    6
```

② 84÷18＝4 あまり 12
計算のやり方 ▶ わり算3

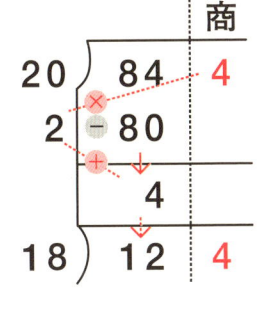

```
              商
    20 ) 84    4
    2  - 80
           4
    18 ) 12    4
```

計算テスト⑨ 総合問題 4　問題

めやす時間　1 2 1問 10秒　3 4 1問 15秒

1 次のたし算をしましょう。
(各10点×2)

① 549 + 28 =　　② 637 + 77 =

2 次のひき算をしましょう。
(各10点×2)

① 720 − 48 =　　② 555 − 77 =

3 次のかけ算をしましょう。
(各10点×4)

① 18 × 18 =　　② 18 × 12 =

③ 52 × 48 =   ④ 98 × 11 =

4 特別な筆算を使って商とあまりを計算しましょう。
(各10点×2)
① 53 ÷ 12 =   ② 81 ÷ 24 =

計算テスト ⑨ 総合問題 4 解答 & 解説

1 次のたし算をしましょう。
(各10点×2)

① 549 + 28 = 577

計算のやり方 ▶ たし算4

```
    5 4 9
  +   2 8
  ─────────
  5
      6
      1 7
  5 7 7
```

② 637 + 77 = 714

計算のやり方 ▶ たし算4

```
    6 3 7
  +   7 7
  ─────────
      6
    1 0
      1 4
  7 1 4
```

2 次のひき算をしましょう。
(各10点×2)

① 720 − 48 = 672

計算のやり方 ▶ ひき算4

```
  700      20
 − 50  ── − 2
 ─────     ───
  650  +  22  = 672
```

② 555 − 77 = 478

計算のやり方 ▶ ひき算4

```
  500      55
 − 80  ── − 3
 ─────     ───
  420  +  58  = 478
```

3 次のかけ算をしましょう。
(各10点×4)

① 18 × 18 = 324

計算のやり方 ▶ かけ算9

10 × 10 = 100
8 × 8 = 64
(10 × 8) × 2 = 160
100 + 64 + 160 = 324

② 18 × 12 = 216

計算のやり方 ▶ かけ算12

8 × 2 = 16
10 × (10 + 10) = 200
16 + 200 = 216

第6章 ●計算テスト❾ 総合問題 4

③ 52×48=2496
計算のやり方▶かけ算6

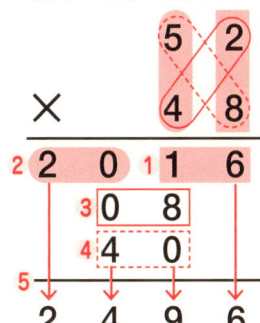

```
       5 2
×      4 8
 2 0 1 6
     0 8
   4 0
 2 4 9 6
```

④ 98×11=1078
計算のやり方▶かけ算8

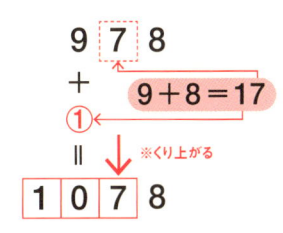

9 | 7 | 8
+ 9+8=17
①
=
| 1 | 0 | 7 | 8 |

※くり上がる

4 特別な筆算を使って商とあまりを計算しましょう。
(各10点×2)

① 53÷12=4 あまり5
計算のやり方▶わり算3

商

```
20 ) 53    2
 8 - 40
      13  +
12 ) 29    2
   - 24
       5   4
```

② 81÷24=3 あまり9
計算のやり方▶わり算3

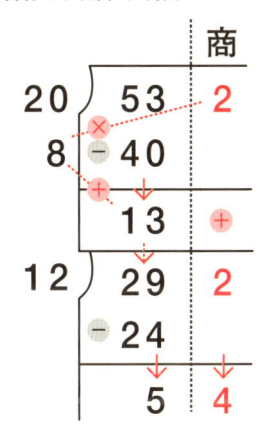

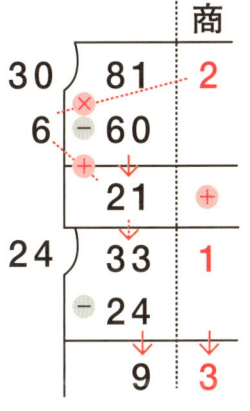

商

```
30 ) 81    2
 6 - 60
      21  +
24 ) 33    1
   - 24
       9   3
```

【著者紹介】

遠藤昭則(えんどう・あきのり)

1954年生まれ。千葉工業大学工学部電気工学科卒。中学校教員として長年数学を指導。数学嫌いをなくすことを念願として、数学研究に取り組んでいる。また、生命の哲学研究家でもあり、著書多数。

頭(あたま)が良(よ)くなるインド式(しき)計算(けいさん)ドリル

2007年6月27日	初版第1刷発行
2007年7月25日	初版第5刷発行

著 者	遠藤昭則	©Endo Akinori 2007
発行者	栗原幹夫	
発行所	KKベストセラーズ	
	〒170-8457	
	東京都豊島区南大塚2-29-7	
	電話 (03)5976-9121(代表)	
	振替 00180-6-103063	
	http://www.kk-bestsellers.com/	
印刷所	錦明印刷	
製本所	ナショナル製本	

ISBN978-4-584-13012-4 C0041　　Printed in Japan

定価はカバーに表示してあります。乱丁・落丁本がございましたらお取り替えいたします。
本書の内容の一部あるいは全部を無断で複製複写(コピー)することは、法律で認められた場合を除き、著作権および出版権の侵害になりますので、その場合はあらかじめ小社あてに許諾を求めてください。